エンジニア

のための

Chat

活用入門

AIで作業負担を減らすためのアイデア集

大澤文孝 著

古川渉一 監修

インプレス

サンプルファイルについて

本書で紹介している一部のソースコードは、以下の本書サポートページからダウンロードできます。サンプルファイルは「501823-sample.zip」というファイル名で、ZIP形式で圧縮されています。展開してご利用ください。

https://book.impress.co.jp/books/1123101035

本書の前提

- 本書掲載の画面などは、基本的にはブラウザ版のChatGPTのうち、GPT-3.5をもとにしています。一部の記事ではGPT-4を使う場合がありますが、その場合は記事内で使用環境を明記しています。
- 本書に記載されている情報は、2023年11月時点のものです。
- 本書に掲載されているサンプル、および実行結果を記した画面イメージなどは、上記環境にて再現された一例です。
- 本書の内容に関して適用した結果生じたこと、また、適用できなかった結果について、著者および出版社ともに一切の責任を負えませんので、あらかじめご了承ください。
- 本書に記載されているウェブサイトなどは、予告なく変更されていることがあります。
- 本書に記載されている会社名、製品名、サービス名などは、一般に各社の商標または登録商標です。なお、本書では™、®、©マークを省略しています。

はじめに

ひとつのシステムを作り上げるには、たくさんのコードが必要です。
しかしそうしたコードは、本当に、自分で書く必要があるでしょうか？
構成するコードのほとんどは、慣例的な処理。対象のデータ構造が違うだけで、処理の流れは、とても似ています。実際、私たちは、インターネットや書籍に掲載されているサンプルコードを見て、自分なりにアレンジして使っていることも多いです。

こうした作業は実は、ChatGPTに任せられます。なぜなら、さまざまなプログラミングに関する情報を持っており、典型的なコードを書く能力があるからです。

・「商品名、価格、在庫数を管理するデータベースを作ってください。データベースはMySQLで。」
・「その入力フォームをHTMLで作ってください。CSSはBootstrapで。」

そう伝えれば、適切なコードを作ってくれます。大事なのは「聞き方」。項目や環境を正しく伝えられるかどうかで、できること・できないこと、そして生成されるコードの質が変わってきます。

本書は、開発の現場でChatGPTにやらせると便利なことを集めた、アイデア集です。
その活用方法は、コードの生成にとどまりません。サンプルデータの作成や外部からインポートするデータの整形、テストコードの作成、コードのドキュメント化など、付随する面倒な作業の大半を任せられます。

そしてChatGPTを使ううえで見逃せないのが、時短の効果。
どんなにベテランだって、人間の能力にはスピードの限界があります。たとえば50行のコードを書くには早くても10分、調べながら実装したり、動作確認して不具合を直したりとなれば、1時間以上かかることも多いです。
対してChatGPTなら、ほんの数十秒。複雑なものでも3分とかかりません。このスピードには、どんなに熟練した人間でもかないません。

こうした能力を持つChatGPTを開発者はもはや、使わない手はありません。手元にあるだけで、作業効率が大きく違います。

ぜひ、みなさんもChatGPTにコードを書かせ、作業負担の軽減と時短につなげてください。

大澤文孝

CONTENTS

ChatGPTの基礎知識

Chapter 2

ChatGPTを使ってみよう

Chapter 3

[コードを書かずにアプリ開発①]

ゼロからWebアプリを作るには

Chapter 4

[コードを書かずにアプリ開発②]

在庫管理システムを仕上げよう

Chapter 5

作業負担を軽減する小さなプログラムを作ってもらおう

Chapter 6 データの整理と生成に活用しよう

Chapter 7 ドキュメント作りに活用しよう

Chapter 8 GPT-4やAPIを活用しよう

聞き方が要！ ChatGPTのすごさを体感しよう

ChatGPTは、これまでインターネットなどに公開された、さまざまなプログラムを習得しています。そのため、「こんなものを作って」と言えば、そのプログラムが即座に作られます。

欲しいコードが一瞬で作れる

たとえば、何か有名なゲームを作りたいとしましょう。ここでは、『テトリス』のような落ち物パズルゲームを例にしてみます。思い切って短く、**たったひと言指示を出すだけでも、プログラムを作ってくれます**。

入力例

テトリスのプログラムを作って。

応答例

非常に人気のあるパズルゲームですが、完全なゲームを作成するためのコードを提供することは難しいです。ただし、**Pythonを使用してシンプルなゲームのコンセプトを作成する方法を示すことはできます。このコードは、Pygameというライブラリを使用しています**。まず、Pygameをインストールし、以下のコードを実行してみてください。

```
import pygame
import random

# ゲームの設定
pygame.init()
SCREEN_WIDTH, SCREEN_HEIGHT = 300, 600
```

── 省略 ──

このコードは、シンプルにゲームを作成するための基本的な構造を提供します。ゲームの実行にはPygameが必要です。詳細なゲームの実装や改善は、この基本的なコードを拡張して行うことができます。また、ゲームのルールやグラフィックスをカスタマイズするために必要な追加のコーディングが必要かもしれません。

このコードは、数秒で作られます。どんなに優れた人間でも、ゲーム構造を考えて、それをコードとして実現するには、早く見積もったって30分〜1時間はかかります。それが、ほんの数秒です。設計を考える時間、コードを書く時間、動作確認して調整する時間などを考えると、**これほどの時短になるからには、コーディングにChatGPTを使わない手はありません**！

時短できたぶん、我々エンジニアは**よりクリエイティブな作業に時間を使うことができる**ようになるでしょう。

提示されたプログラムは、回答にあるように「Pygame」というライブラリをインストールすれば､Python環境で実際に動かせます。

メモ

Pygame はPython用のゲームライブラリです。コマンドラインから､「pip install pygame」と入力するとインストールできます。

■ 図 0-0-1　一瞬でゲームのプログラムができた

さらに指示出しして完成度を高める

ただし、一発でゲームができるわけではありません。筆者が試したところ、初回の応答に含まれるプログラムには、ブロックを回転する操作の処理がありませんでした。

でも、そんなことは心配ありません。**追加で指示**すればよいのです。

入力例

回転の処理がないようです。

応答例

すみません、回転の処理を追加し忘れました。ブロックを回転させるために、以下のコードを追加してみてください。このコードは、ブロックを90度回転させる単純な方法を提供します。

まず、Tetris クラスに rotate_block メソッドを追加します。

```
def rotate_block(self):
      rotated_shape = [list(row) for row in zip(*reversed(self.
current_block['shape']))]
      if not self.check_collision({'shape': rotated_shape, 'x':
self.current_block['x'], 'y': self.current_block['y']}):
          self.current_block['shape'] = rotated_shape
```

次に、イベント処理の部分でキーボードのRキーを押したときに rotate_block メソッドを呼び出すように修正します。

```
elif event.type == pygame.KEYDOWN:
    if event.key == pygame.K_LEFT:
        # ...
    elif event.key == pygame.K_RIGHT:
        # ...
    elif event.key == pygame.K_DOWN:
        # ...
    elif event.key == pygame.K_r:
        self.rotate_block()
```

これで、Rキーを押すことでブロックを回転させることができるようになります。回転の処理が追加されたゲームをお楽しみください。

このように、次々と指示を出せば、どんどんとコードを作ってくれます。

業務アプリも作れるの？

ゲームの作成が可能ならば、業務アプリも作れるのでしょうか？　試してみました。

入力例

商品管理システムを作ってください。

応答例

商品管理システムを開発するためには、多くの要素を考慮する必要があります。以下に、基本的な要件や機能を示しますが、詳細な要件に応じてカスタマイズすることが必要です。

1．商品データベース：
　・商品の詳細情報を保存するデータベースが必要です。これには商品名、説明、価格、在庫数、サプライヤー情報などが含まれます。

2．在庫管理：
　・商品の在庫数を追跡し、売上との連動を確保します。在庫数が減少する度に、データベースの在庫情報を更新します。
在庫が一定数以下になった場合、自動的に補充するための通知機能を備えていると便利です。

3．販売管理：
　・商品の販売を記録し、売上データを追跡します。顧客情報、注文日、数量、価格などの詳細を含みます。
―― 省略 ――

このリストは、基本的な要件と機能の一部を示しています。プロジェクトの要求に合わせて詳細な要件定義を行い、それに基づいてシステムの設計と実装を進めていくことが重要です。また、開発プロセスではセキュリティ、パフォーマンス、ユーザーエクスペリエンスにも注意を払う必要があります。

そうですよね！ **「商品管理システム」と言ったところで、開発のための要件や作業すべき工程の幅も広く、ひと言指示しただけでは作れません**。

具体的に、どのような入力項目があって、どのようなデータベースで管理して、プログラミング言語には何を使うのか、どのようなユーザーが操作するのか、どのようなメニュー構成にするのかなどをひとつずつ、ChatGPTに教えていく必要があります。

落ち物パズルゲームができたのは、「有名なゲーム」だからです。

しかしChatGPTは、プログラムのコードの書き方を知っていますし、業務システムを作るだけの能力があることに間違いありません。**実際、過不足なく指示を与えれば、業務システムであっても、そのプログラムを作れます**。その内容については、本書の第3～4章で、コードを1行も書かずに実現させますので、ぜひご覧ください。

ある意味、ChatGPTは、「日本語の指示でコードが作れる」という夢のようなツールです。

しかしそれは、**的確な指示を出せるかどうかに**かかってきます。

では、どんな指示を出せば、ChatGPTが持つコーディング能力を引き出せるのかでしょうか？　それが本書の主題です。さっそく、はじめていきましょう！

Chapter 1

ChatGPTの基礎知識

ChatGPTは、
OpenAI社が開発した、自然言語で使える人工知能です。
チャットで会話しながら、質問に答えたり、
文章やプログラムなどを作ってくれたりします。
この章では、ChatGPTの基礎を説明します。

Chapter 1

1-1 ChatGPTがプログラミングに強い理由

ChatGPTは、OpenAI社が開発した人工知能です。チャット形式で会話しながら、あたかも人間のように、情報を調べたり、必要な作業をしてくれたりします。「こんなプログラムが欲しい」と言えば、そのプログラムのコードを作ってくれます。

テキストなら何でも扱えるChatGPT

ChatGPTは、インターネットに存在する情報を中心に、膨大な情報を学んだ人工知能です。こうして学んだ情報から、**チャットでの会話を通じて、目的に合った情報を選んで整理して返す**のが、ChatGPTの本質です。

メモ

ChatGPTは、過去に学習した内容に基づいて動くもので、リアルタイムな情報は持っていません。ただし有償プランを契約すると使える「GPT-4」では、インターネットの検索結果を対象にできます。

ChatGPTは文字でやりとりするチャットなので、**文字として表現できる情報であれば、どのようなものでも扱えます**。

「これは何？」「これの作り方を教えて」「これをするための方法は？」といった、何かを尋ねる質問はもちろん、「以下を箇条書きにして」「以下の要点をまとめて」「以下の文で注意すべき内容を教えて」など、アドバイザーとしての役割も果たします。

こうした活用法のなかで、本書で紹介するのが「**プログラムを作らせる**」という手法です。

プログラムのソースコードは、文字として構成されています。ですから、ChatGPTで扱えます。

本書のイントロダクションで紹介したように、「こんなプログラムを作って欲しい」と言えば、実際にそのプログラムを示してくれます。

■ 図1-1-1 ChatGPTは学習したデータから結果を返す

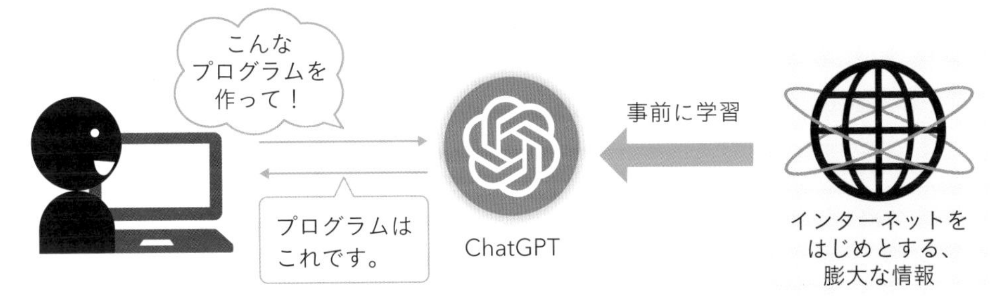

過去の膨大な学習情報から、質問に応じた適切な回答としてまとめて返す

プログラミングに強いChatGPT

ChatGPTは、「プログラムを作って欲しい」というようなプログラミングの話題に強いです。その理由はいくつかあります。

■ ①プログラミングに関する情報と知識をたくさん持っている

インターネット上には、さまざまなソースコード、公式のドキュメント、利用方法を解説するブログなど、プログラミングに関する情報がたくさんあります。

ChatGPTはこうした情報を学んでいるので、プログラミング能力に長けています。

■ ②ベストプラクティスやヒントなどの反映

①とも関連しますが、インターネットにはベストプラクティスやヒントなどの活用方法もたくさんあります。

ChatGPTはこうした情報も学んでいるので、これらを加味したアドバイスが回答として返される可能性が高いです。

■ ③プログラムの書き方は似ていて、定石がある

長年プログラミングをしてきた著者の個人的な見解ではありますが、プログラムは、「こういう処理は、こう書く」という定石が多いです。言い換えると、**類似性が高い情報がたくさんある**ということです。

ChatGPTに限らず、人工知能はさまざまな情報の類似性に着目して学習していく傾向があるため、類似の情報をたくさん学ぶほど、その特徴を捉えやすくなります。

習得した定石とも言えるような特徴に、質問に応じた、個々の事情（たとえば、扱うデータの項目や名称、処理対象、処理回数など）を当てはめれば、その**個々の事情に合ったプログラムが出力される可能性が相当高い**です。

実際、本書では、さまざまプログラムをChatGPTに作ってもらいますが、事情に応じた「実際に動くプログラム」を、高い確率で出力することに、きっと驚くと思います。

■ 図1-1-2　ChatGPTがプログラミングに強い理由

①プログラミングの情報と知識が豊富

・プログラミングに関するインターネット上の膨大な情報
・ソースコード、公式ドキュメント、ブログなど

②ベストプラクティスやヒントの反映

・プログラミングに関する最適解
・ソースコード、公式ドキュメント、ブログなど

③定石や類似性の高い情報が豊富

・プログラミングに関する定石
・ソースコード、公式ドキュメント、ブログなど

プログラミングに適した、膨大な情報を持つことが強み

ブラウザでの対話とAPI

ChatGPTには、「ブラウザで対話する方法」と「APIを使う方法」とがあります。ブラウザで対話する方法は、ブラウザに質問文を入力するだけで手軽に使えます。APIを使う方法は、初期設定が必要ですが、他のツールと連動できます。

ブラウザでの対話とAPI

ChatGPTとやりとりする方法は、**「ブラウザを使う方法」と「APIを使う方法」**があります。

■ 図1-2-1　ブラウザとAPI

ブラウザで対話する方法

APIを使う方法

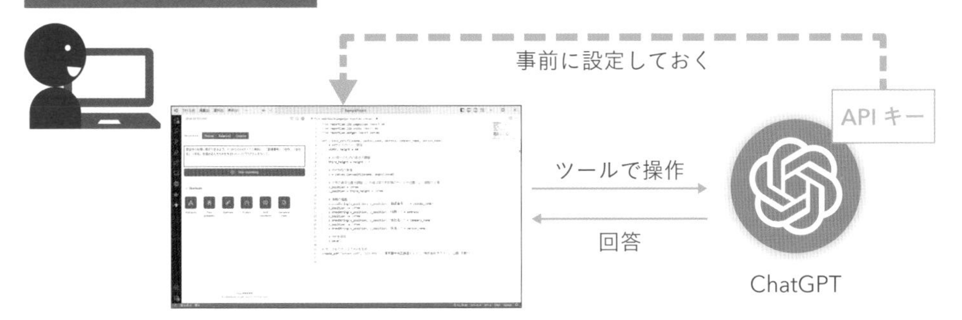

■ ブラウザで対話する方法

ブラウザのフォームに、質問を入力して回答を得ていく方法です。

ブラウザでChatGPTのサイトを開くと、入力欄が表示されます。ここに質問を入力すれば、回答が表示されます。

■ 図1-2-2　ブラウザでの会話

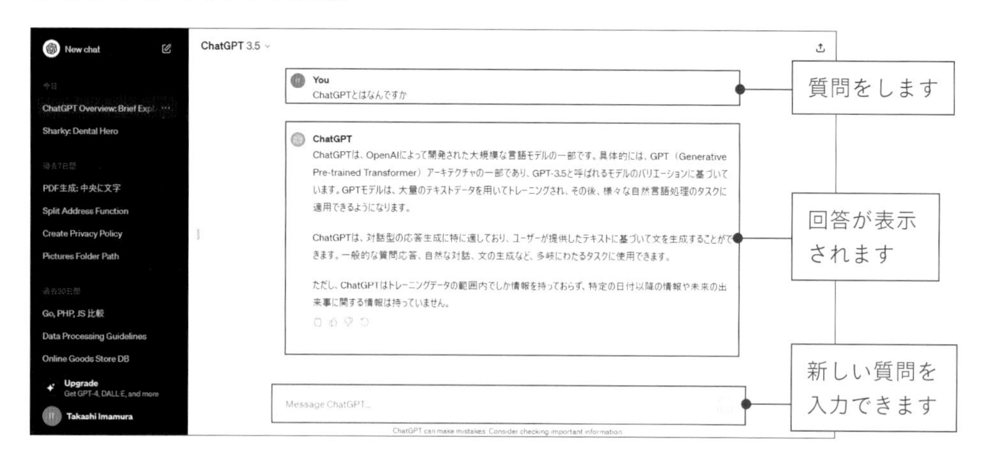

■ APIを使う方法

API(Application Programming Interface)とは、他のプログラムと連動してやりとりする仕組みです。この仕組みを使うと、他のツールからChatGPTの機能を使えます。そのためには、事前に「APIキー」と呼ばれる認識情報を作成し、それをChatGPT対応ツールに設定します。

ChatGPTに対応するツールは、さまざまなものがあります。たとえば、プログラミングするときによく使う「Visual Studio Code」では、「ChatGPT - Genie AI」という拡張機能が利用でき、「こんなプログラムを作って欲しい」とお願いすると、そのコードを自動生成できます（「8-7　API経由でChatGPTを使う」を参照）。

■ 図1-2-3　APIを使う方法

まずは手軽なブラウザで使ってみよう

本書では、**主にブラウザを使った方法を説明**します。その理由は、特別な設定や費用もかからず、とりあえずブラウザさえあれば手軽に始められる上、一般的なプログラムを作る作業に十分使える汎用性の高さがあるためです。

特定の専門分野に限った活用では、APIを使ってその専門ツールとChatGPTとを組み合わせると効果が高いのは事実ですが、何にでも使える汎用的な使い方ができるとは限りません。

また、課金の問題もあります。次節で説明しますが、ブラウザで利用する場合は無償もしくは定額で使える一方、APIを使った利用は使っただけの従量制です。

こうした理由から本書では、最後の節の「8-7　API経由でChatGPTを使う」を省き、すべて、ブラウザでの操作で解説していきます。

Column

APIを使った方法は、利用方法が無限大

APIは、さまざまなツールとChatGPTとの組み合わせを可能とします。

組み合わせは無限大ですが、とくに**業務アプリとの連動は、効果が高い活用法**です。

たとえばメールソフトと連動して、届いたメールをChatGPTに投げて、「要約を作らせる」「仕分けのラベルを付ける」「返信に適したテンプレートを作ってもらう」などの使い道があります。

チャットという性質を活かして、カスタマーサポート業務をまるごと任せてしまうこともできますし、財務ソフトと連動して財務データの分析や予測、予算の策定などを任せられます。また、営業支援ツールと連動して、顧客情報を入力すると、その顧客に適した営業資料を自動で生成するようにもできます。人事ソフトと連動して、人材の分類や求職者のスクリーニングなどにも使えることでしょう。

そして、この**APIとの連携は、自分が開発するソフトに組み込むこともできます**。

たとえば、お問い合わせフォームの機能を実装しているなら、問い合わせの内容をChatGPTで分類し、適した担当部署に自動でコピーすることもできるでしょう。そして、ブログの投稿機能を実装しているのなら、投稿前に文章におかしなところがないかを指摘してもらう機能を実装したりすることもできます。

1-3 モデルの違いと料金

ひとことでChatGPTと言っても、賢さと機能が違う「GPT-3.5」と「GPT-4」があります。それぞれ、最大何文字まで扱えるのかも異なり、ブラウザから使うのかAPIから使うのかによっても料金が異なります。

「GPT-3.5」と「GPT-4」

ChatGPTの頭脳のことは、「モデル（Model）」と言います。

2023年11月現在、**「GPT-3.5」と「GPT-4」**の2種類のモデルがあり、チャットを開始するときに、切り替えます。

■ 図1-3-1 「GPT-3.5」と「GPT-4」

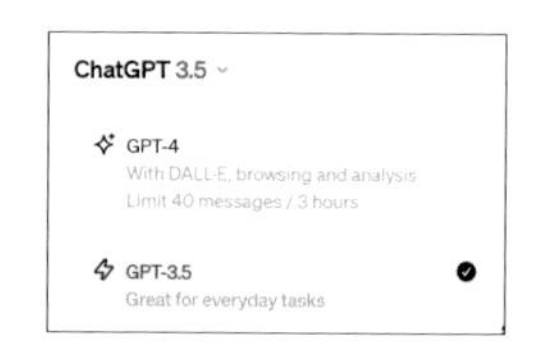

■ GPT 3.5

GPT 3.5は、基本的な機能を持つ頭脳です。

ChatGPTにユーザー登録すれば、無償で利用できます。

■ GPT-4

GPT-4は、GPT-3.5の性能を向上させたもので、利用するには有償の定額制プラン「ChatGPT Plus」（月額20ドル）への加入が必要です。GPT-4では、より長いテキストを処理できるようになり、ファイルをアップロードして、それに対する処理もできます。

また、画像を認識したり生成したり、インターネットの情報をその場で検索して処理したり、プログラムを実行したりする機能もあります（第8章を参照）。

反面、GPT-4の速度は、GPT-3.5に比べて低速です。また2023年11月現在では、GPT-4への質問は、時間当たりの制限数があり、あまりたくさんの質問をすることができません。

ですから、まずはGPT-3.5で質問して、あまり良い回答が得られないならGPT-4に変更する、ファイルのアップロードやインターネットの検索機能など、GPT3.5ではできないことに限ってGPT-4を使うなど、うまく使い分けるのが適切です。

APIの場合

APIはブラウザでの利用とは別の料金体系で、GPT-3.5を使う場合もGPT-4を使う場合も従量課金です。

そしてそれぞれさらに、「コンテキスト」と呼ばれる単位でモデルが分かれます。

■ 記憶容量の違い

ChatGPTの頭脳であるGPTは、処理できる最大のテキスト量が決まっており、「**コンテキスト（Context）**」という単位で示されます。

一度に、そのコンテキストを超えるテキストを処理できないのはもちろんですが、チャットをやりとりすると、コンテキストにこれまでの会話が蓄積されて、その会話の流れも含んで回答します。言い換えると、コンテキストが小さいほど、過去のチャットの内容を忘れやすくなります。

■ 図1-3-2　コンテキスト

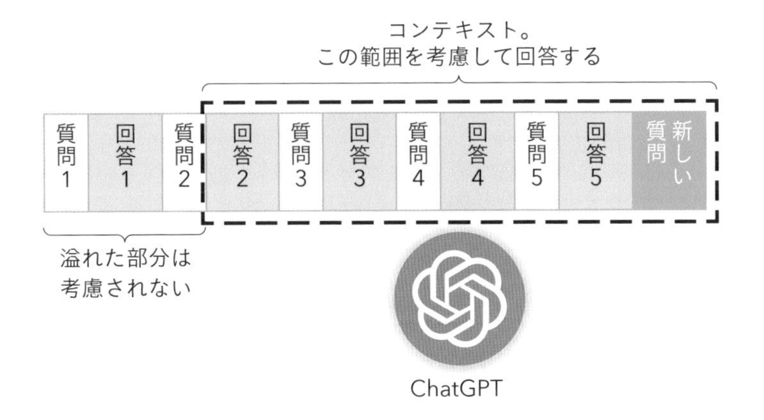

■ APIで利用できるモデル

APIでは、コンテキストの違いから、次の5種類のモデルが提供されています。

「K」は「キロ」で1024を示します。4Kとは4096のことで、これがコンテキストのサイズを示します。1文字で、どのぐらいのコンテキストを消費するのかは、英語や日本語などの言語によって違うのですが、日本語の場合、おおよそ半分ぐらいの文字数を扱えます。

つまり、4Kコンテキストであれば、およそ2000文字程度を一度に扱えると考えるとよいでしょう。最新版は、128KコンテキストのGPT-4です。約6万文字は扱えるので、薄めの書籍1冊ぐらいを丸々、扱えます（2023年11月の段階では、プレビュー版）。

■ 表1-3-1　モデルとコンテキスト

モデル	コンテキスト
GPT-3.5	4Kコンテキスト
GPT-4	8Kコンテキスト

モデル	コンテキスト
GPT-3.5	16Kコンテキスト
GPT-4	32Kコンテキスト
GPT-4	128Kコンテキスト（プレビュー）

モデルと料金のまとめ

少しわかりにくいのですが、モデルの違いと料金をまとめると、図1-3-3のようになります。

この図からわかるように、ブラウザの料金体系とAPIの料金体系は別です。有料の「ChatGPT Plus」に加入しても、APIはそれとは別に課金が必要です。

メモ

ブラウザ版のコンテキストサイズは、公開されていません。

■ 図1-3-3　モデルと料金のまとめ

性能／価格

ブラウザ

有料定額プラン
「ChatGPT Plus」
月額20ドル

GPT-4

無料

GPT-3.5

API（従量制）

GPT-4 128K コンテキスト
（入力 0.01 ドル／出力 0.03 ドル）

GPT-4 32K コンテキスト
（入力 0.06 ドル／出力 0.12 ドル）

GPT-4 8K コンテキスト
（入力 0.03 ドル／出力 0.06 ドル）

GPT-3.5 16K コンテキスト
（入力 0.0015 ドル／出力 0.0020 ドル）

GPT-3.5 4K コンテキスト
（入力 0.0010 ドル／出力 0.0020 ドル）

※APIは1Kトークン当たりの料金

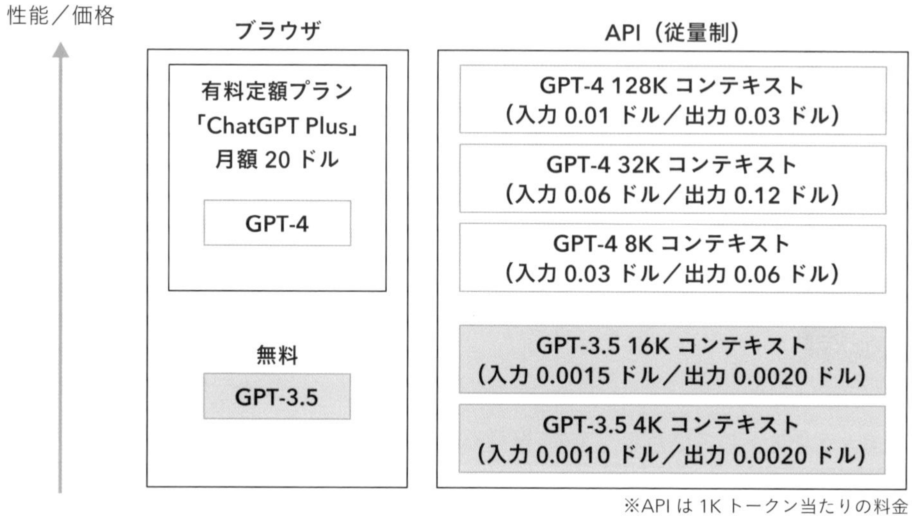

GPT-3.5でも十分な回答が得られる

本書では、ChatGPTに、さまざまなプログラムを作らせていきますが、**GPT-3.5の範囲でも、十分性能の良い回答が得られます**。

そこで本書では、主にGPT-3.5の範囲でのみ解説し、GPT-4を使った活用については、第8章で解説します。

Column

GPT-3.5の範囲の利用でもChatGPT Plusユーザーになる価値はある

GPT-3.5は無料で使えますが、無料ユーザーでの利用は、有償ユーザーである「ChatGPT Plus」のユーザーに比べて応答速度が遅いです。

ChatGPTを本格的に使おうと考えているのであれば、GPT-3.5の範囲だけの利用であっても、ChatGPT Plusユーザーとして課金する価値はあります。

Column

ChatGPT Plusユーザーになると UIも変化する

2023年11月現在、有償版のChatGPT Plusに加入すると、ChatGPTそのもののUIも少し変化します。基本的な使用感は無料版とそれほど大きな差があるわけではありませんが、プラグイン等、有償版ならではの機能が選択できるようになっています。

■ 図1-3-4　ChatGPT Plusの画面

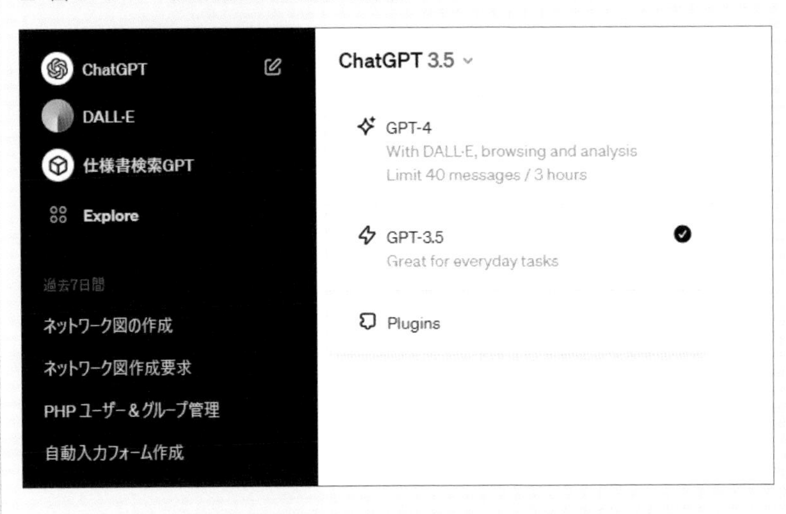

1-4 ChatGPTの仕組みと注意点

ChatGPTは、さまざまな質問に回答したり、実際に作業をしてくれたりする優れた人工知能ですが、いつも正しいとは限りません。仕組みを知ったうえで、正しく活用することが重要です。

LLMという仕組み

ChatGPTに限らず、チャットなどの人間が会話などに使う言語（自然言語と言います）に対応する人工知能には、「**大規模言語モデル：LLM(Large Language Models)**」と呼ばれる仕組みが使われています。

簡単に言うとLLMは、**言葉の前後関係を認識して、「確率の高い言葉」を並べて返す仕組み**です。LLMのなかには、「パラメータ」と呼ばれる設定項目が数千億個あり、とかく膨大な学習工程によって、この値が調節されて、確率の高い言葉が出てくるように動作しています。

■ 図1-4-1 LLMの仕組み

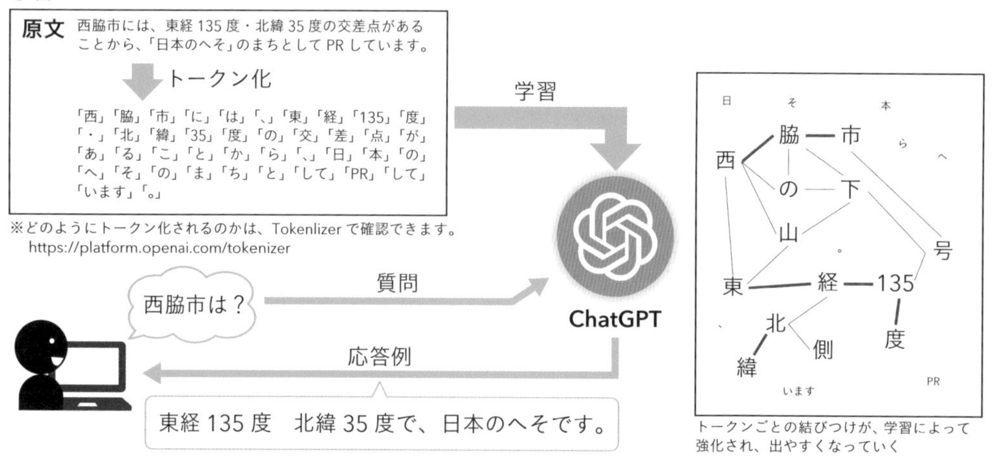

こんな確率論で、正しい日本語が出てくるのかという疑問がわきますが、実際、膨大な学習

をさせると、いわゆる、「語順の並び」や「助詞の位置」なども、それっぽく確率に応じたものになるので、自然な言語としての回答が得られます。

なんだか不思議な気がしますが、我々は幼少期に、さまざまな読み聞かせの教育を受けて、いま日本語を話しているわけで、そう考えると、仕組みとしてはそんなにおかしいわけでもなさそうに思えます。

聞くたびに回答が異なることもある

ChatGPTは、こうした確率論で動作しているため、同じ質問をもう一度繰り返しても、前回と同じ回答が戻ってくるとは限りません。

本書では、実際にいくつかのプログラムを、ChatGPTに作ってもらっていますが、**本書の通りに質問しても、同じプログラムが作られるとは限らないので注意**してください。

本書では、あえて回答が失敗した例も載せていますが、ChatGPTが賢くなっていて、本書が刊行される頃には、こうした失敗がなくなっていたり、逆に、本書の執筆時点ではうまくいっていたけれども、何らかの理由でうまくいかなくなったりすることも、ありえます。

最後に確認するのは人間

そしてもちろん、ChatGPTが間違うこともあります。

ChatGPTに作ってもらったプログラムが動かない、もしくは想定と異なる動きがある、もしくは動作はするけれどもセキュリティの問題があるということは、十分考えられます。

最後に確認するのは、人間です。ChatGPTに作ってもらったプログラムが正しいと過信せず、作られたプログラムの意味を理解したうえで使いましょう。

ChatGPTをはじめるには

ChatGPTをはじめるには、アカウントの登録が必要です。アカウントを登録して、ChatGPTを使い始められるようにしましょう。

ChatGPTのアカウントを作る

「1-3　モデルの違いと料金」でも説明しましたが、ブラウザ版のGPT-3.5は無償で使えますが、**ユーザー登録を行い、アカウントを作成する必要があります**。

下記の手順で、ユーザー登録してみましょう。ユーザー登録の際には、本人確認のため、SMS(ショートメッセージ)によるやりとりが必要です。スマートフォンなどを用意したうえで、進めてください。

メモ

下記の内容は、2023年11月時点のものです。

■ 図1-5-1　ChatGPTのアカウントを作るための手順

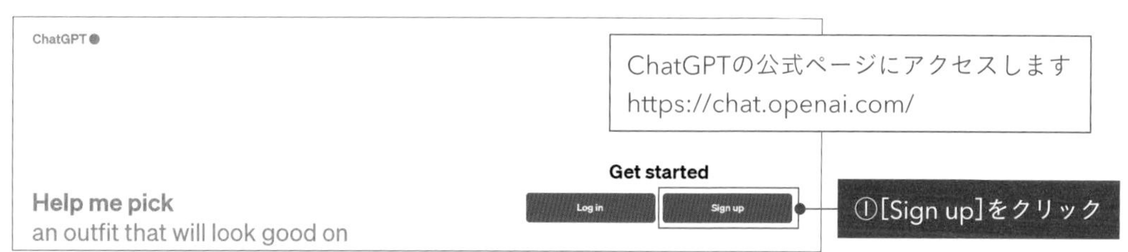

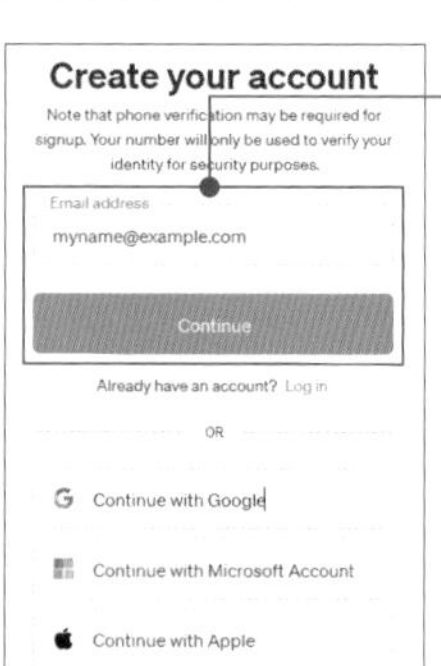

メモ

Googleアカウント、Microsoftアカウント、Appleアカウントを保有している人は、画面下の各種リンクをクリックすることで、それらのアカウントでログインできます。その場合は、アカウントに紐付く自分のアイコンが、ChatGPTでも使われます。

Create your account

Note that phone verification may be required for signup. Your number will only be used to verify your identity for security purposes.

myname@example.com Edit

Password

Continue

Already have an account? Log in

③設定したいパスワードを入力して、[Continue]をクリック

OpenAI <noreply@tm.openai.com>

OpenAI

Verify your email address

To continue setting up your OpenAI account, please verify that this is your email address.

Verify email address

設定したメールアドレスに、認証メールが届きます

④メール本文に記載された[Verify email address]のリンクをクリック

Tell us about you

Taro Yamada

01/01/1980

Continue

ブラウザに切り替わり、メールの認証が完了します

⑤氏名と誕生日を英語で入力し、[Continue]をクリック

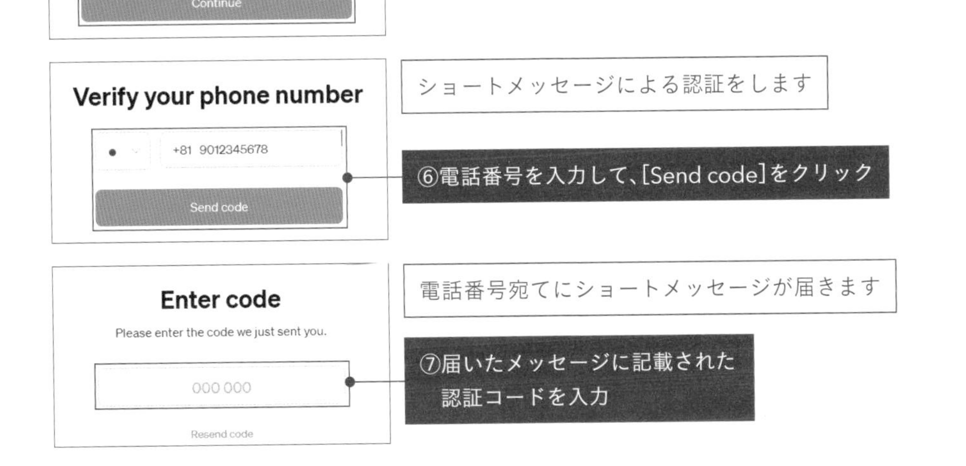
Verify your phone number
+81 9012345678
Send code
ショートメッセージによる認証をします
⑥電話番号を入力して、[Send code]をクリック
Enter code
Please enter the code we just sent you.
000 000
Resend code
電話番号宛てにショートメッセージが届きます
⑦届いたメッセージに記載された認証コードを入力

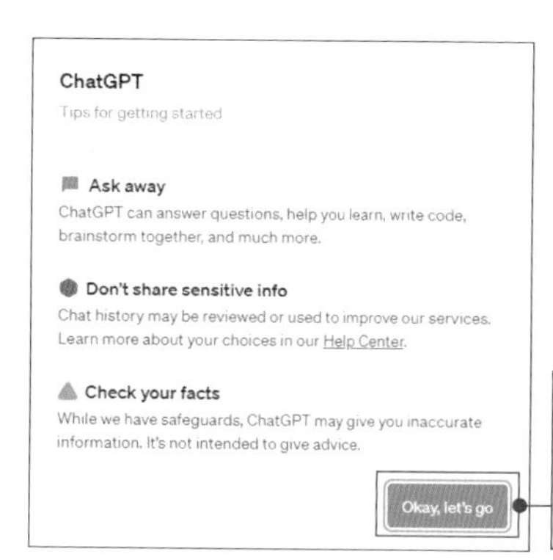

登録が完了しました。[Okay, let's go]をクリックすると、ChatGPTを使い始められます

Column

有償のChatGPT Plusに加入する

有償の「ChatGPT Plus」に加入するには、左下の［Upgrade plan］をクリックし、表示されたダイアログボックス内の［Upgrade to Plus］をクリックします。すると、クレジットカード情報の入力欄が表示され、情報を入力するとChatGPT Plusを利用できます（毎月課金されます）。

■ 図 1-5-2 アップグレードの手順

①[Upgrade plan]をクリック

②[Upgrade to Plus]をクリック

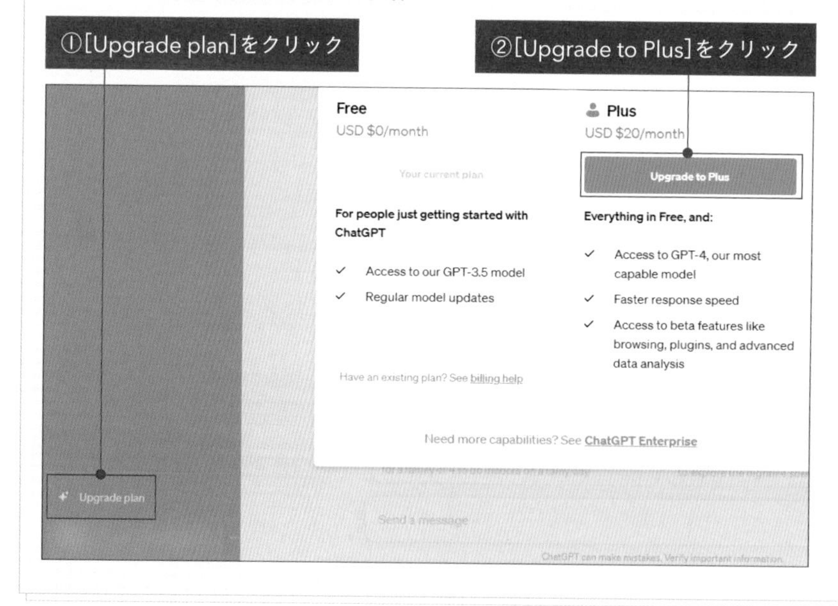

オプトアウトしておこう

次章から、ChatGPTの活用法を解説していきますが、事前に設定しておきたい項目があります。それは「オプトアウト」です。オプトアウトしておかないと、チャットに入力したテキストが学習され、漏洩する恐れがあります。

ChatGPTは日々学習する

ChatGPTは日々学習して、賢くなっています。

その学習の源は、私たちとの会話です。会話を重ねるたびに、ChatGPTはその会話の内容を学習して、賢くなっているのです。

賢くなるのは良いことですが、それは**ChatGPTに私たちの情報を教えていることと同じ**です。もし業務上、秘密にしなければならない情報や個人情報などを含んだ会話をすると、学習された情報が漏洩する恐れがあります。

基本的に、学習した内容が直接そのまま誰かの回答として出力されることはありませんが、何かの拍子に表面化される可能性もあります。ですから**業務で使うのであれば、会話の内容を学習させないように設定するのが、望ましい運用**です。

オプトアウトする

そのための設定が**オプトアウト**です。

オプトアウトの設定をすると、ChatGPTが、会話の内容を学習しないようになります。

なおこの設定は、チャットの履歴と連動しており、オプトアウトすると、左側にチャットの履歴が表示されなくなります。

■ 図1-6-1　オプトアウトするための手順

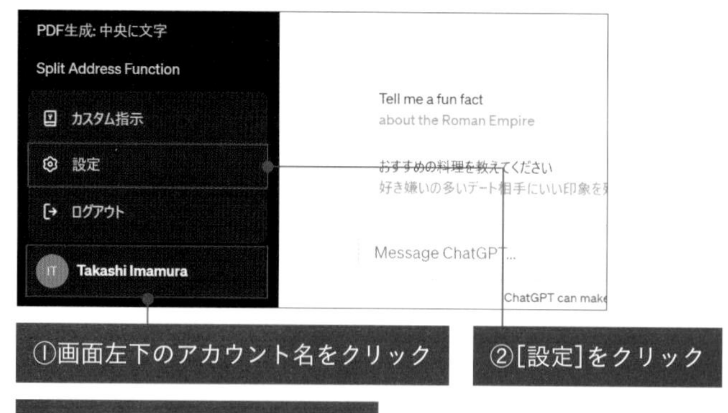

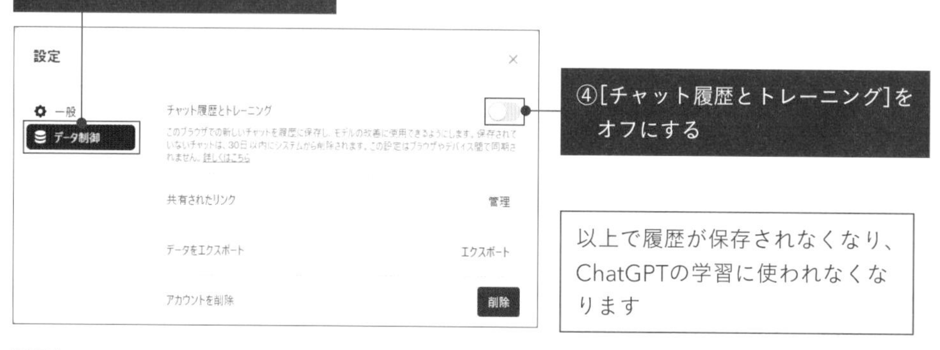

メモ

もし、ChatGPTの画面が英語であれば、設定から日本語に変更できます。やり方は、上記の設定画面の［General］タブ（英語に設定されている場合は、上に掲載した画面の［一般］が［General］と表示されているはずです）をクリックし、［Locale］を［ja-JP］に変更すればOKです。

Chapter 2

ChatGPTを使ってみよう

本書では、全体を通じて、
ブラウザを使ってChatGPTと会話していきます。
この章では、
ChatGPTの基本的な使い方を説明します。

ChatGPTの使い方

ブラウザ版のChatGPTでは、フォームにメッセージを入力することで会話を進めていきます。ChatGPTの応答に対して、さらにメッセージを入力することで追加の指示を出して、次々と会話を続けていきます。

ChatGPTの画面

ChatGPTの画面を、図2-1-1に示します。画面左には過去の履歴が表示され、一番下には設定メニューを開くための自分のアカウント名が表示されます。

右側が会話する部分です。上部で「GPT-3.5」と「GPT-4」とを切り替えます。

「Message ChatGPT」とある部分に、ChatGPTへの指示を入力して、Enterキーを押す（もしくは↑ボタンをクリックする）とメッセージが送信され、会話できます。

■ 図2-1-1　ChatGPTの画面

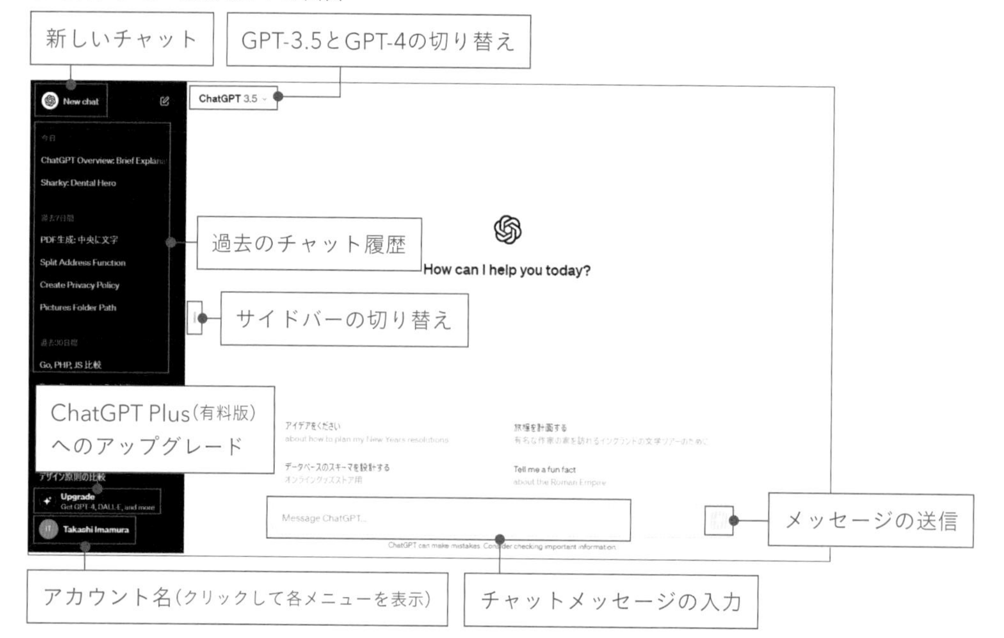

メモ
図2-1-1の画面は2023年11月時点の無料版GPT-3.5のものです。今後、GPT-4と同じようなUIデザインに変わる可能性があるかもしれません。

ChatGPTの基本操作

まずは、ChatGPTの基本操作を覚えましょう。

■ 話題を変えたいときはチャットを新規で開始する

新しくチャットを開始するには、左上の［New chat］をクリックします。すると、新しいチャットが始まります。

「1-3　モデルの違いと料金」で少し触れましたが、ChatGPTはコンテキストとして、過去の会話を覚えています。

ですから**新しい話題を始めるときは、［New chat］をクリック**して、新しくチャットを始めてください。いままでの会話に続けて会話すると、それより前の会話と関連を持つものと見なされ、適切な応答が得られないことがあります。

■ 図2-1-2　話題を変えるときは［New chat］をクリックする

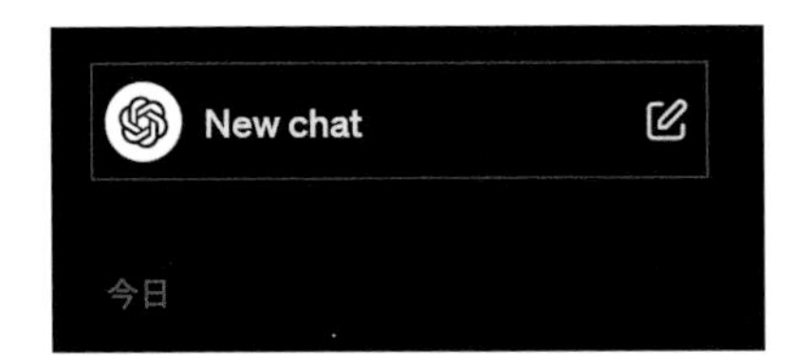

■ 指示の入力

ChatGPTへの指示は、「プロンプト（prompt）」と呼びます。プロンプトは、画面下の「Message ChatGPT」とある欄に入力して、送信ボタンをクリックすることで指示できます。

入力欄で Enter キーを押すと、改行ではなく、その時点で入力内容が送信されるので注意してください。改行したいときは、Shift キーを押しながら Enter キーを押します。

プログラムを入力したいときなど、長めのテキスト入力ではこの操作は煩雑なので、**一度指示文を、メモ帳などのテキストエディタで書いておき、それを貼り付けて入力するのがよい**でしょう。

■ 図2-1-3　指示文の入力

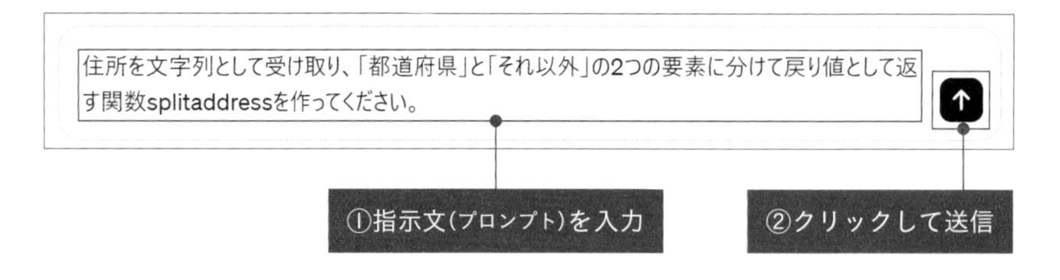

住所を文字列として受け取り、「都道府県」と「それ以外」の2つの要素に分けて戻り値として返す関数splitaddressを作ってください。
①指示文(プロンプト)を入力
②クリックして送信

■ 応答

指示文（プロンプト）を入力すると、応答が表示されます。応答が短ければすぐに表示されますが、同時に利用している人が多い時間帯は、少し時間がかかることもあります（また、応答を作るために内部でプログラムや画像を生成したりすることがあり、その場合は、さらに時間がかかります）。

応答が表示された後ろにはまた、チャットの入力欄が表示されるので、**さらにその応答に対する追加の指示を入力して、ChatGPTとの会話を続けられます**。また応答の一番下には各種ボタンがあり、応答をコピーしたり、別の応答を作り直させたりできます。

■ 図2-1-4　応答

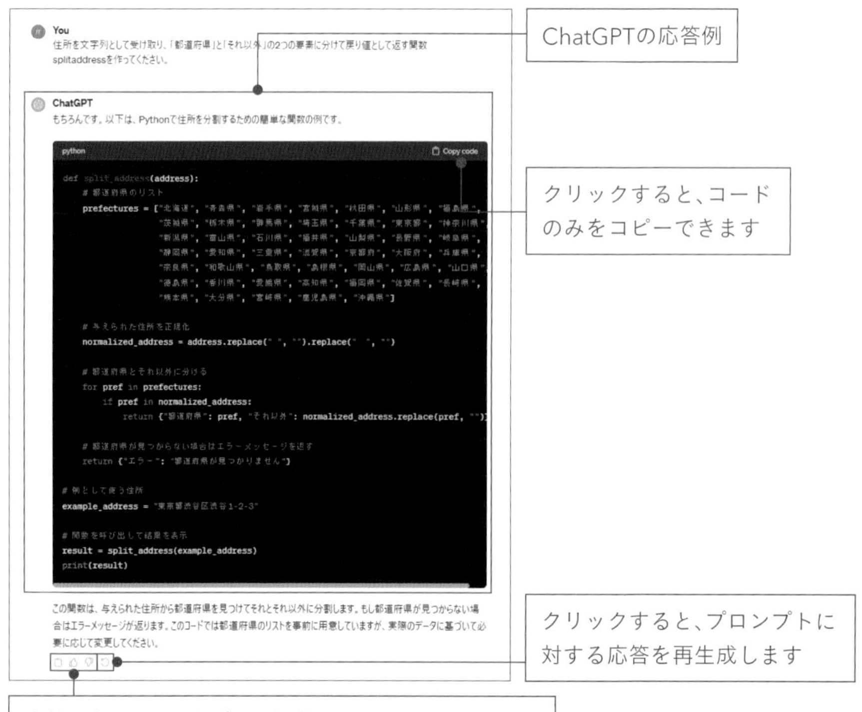

You
住所を文字列として受け取り、「都道府県」と「それ以外」の2つの要素に分けて戻り値として返す関数splitaddressを作ってください。
ChatGPT
もちろんです。以下は、Pythonで住所を分割するための簡単な関数の例です。
python
Copy code
この関数は、与えられた住所から都道府県を見つけてそれとそれ以外に分割します。もし都道府県が見つからない場合はエラーメッセージが返ります。このコードでは都道府県のリストを事前に用意していますが、実際のデータに基づいて必要に応じて変更してください。
ChatGPTの応答例
クリックすると、コードのみをコピーできます
クリックすると、プロンプトに対する応答を再生成します
応答に対して、さまざまな操作ができます（図2-1-5参照）

■ 図 2-1-5　応答の操作ボタン

をクリックすると、応答例をすべてコピーできます。をクリックすると、応答に対する好ましいフィードバックを送信できます。をクリックすると、応答に対する問題点などをフィードバックできます。

■ 応答をコピーしたいときは？

（コピー）ボタンをクリックすると、応答を全文コピーできます。応答にコードが含まれているときには、コードの右上の［Copy code］ボタンをクリックすると、コードだけをコピーできます。

■ 望んだ応答が出ないときは？

ChatGPTの応答には、ランダムな要素が含まれているため、同じ質問に対して、いつも同じ回答が得られるとは限りません（実際、本書の通りに実行しても、同じ回答が返されるとは限りません）。

望んだ応答が出ないときは、再生成できます。

再生成には、をクリックする方法と、［再生成］をクリックする方法があります。前者の場合は、好ましくないと学ばせてから再生成します。つまり次回以降、こうした応答が出にくくなるように調整されます。後者の場合は、調整することなく単純に再生成します。

メモ

望んだ応答が出たときは、ボタンをクリックすると、それと同じ傾向の応答が返されるように調整されます。

テキストはMarkdown形式

をクリックすると応答をコピーできますが、**書式はMarkdown形式**です。たとえば、先ほどの図2-1-4の応答をコピーしてからテキストエディタに貼り付けると、次のテキストになります。

コード全体は「```」で囲まれていたり、**関数名が「`」で**囲まれていたりするのがわかります。

````
以下は、Pythonで住所を文字列として受け取り、「都道府県」と「それ以外」の2つの要素に分けて戻り値として返す関数 `splitaddress` の例です。

```python
def splitaddress(address):
    # 都道府県とそれ以外の部分を分けるために、最初のスペースを見つけます
````
````

```
    first_space_index = address.find(" ")
── 省略 ──
```
```
```

このコードでは、`splitaddress` 関数が与えられた住所文字列を最初のスペースで分割し、都道府県とそれ以外の部分に分けています。もしスペースが見つからない場合、住所全体を都道府県として扱います。上記の例では、"東京都千代田区" を都道府県とし、"1-2-3 〇〇ビル" をそれ以外の部分として分けています。

この応答例では、該当箇所がありませんが、**見出しが含まれるときは先頭に「#」**がつきます。表なども Markdown 形式の表として出力されます。

見出しや表が含まれる応答例のとき、それをコピーした内容を、以下に示します。

入力例（sample02_1.txt）

Go言語、PHP言語、JavaScript言語の比較表を作ってください。

応答例

以下は、Go言語、PHP言語、JavaScript言語の比較表です。これらのプログラミング言語は、異なる用途や特性を持っており、どれも重要な役割を果たしています。

特性	Go言語	PHP言語	JavaScript言語
発表年	2009年	1995年	1995年
用途	システムプログラミング、Webサーバー、ツール	ウェブ開発、サーバーサイドスクリプト	ウェブ開発、クライアントサイドスクリプト
タイプシステム	静的型付け	動的型付け	動的型付け
パフォーマンス	高速	一般的なWebアプリケーション向け	ブラウザ内でのクライアントサイド実行が主なため、速度はブラウザ依存
コミュニティとサポート	大規模なコミュニティとサポートがあります	大規模なコミュニティとサポートがあります	大規模なコミュニティとサポートがあります
フレームワークとライブラリ	Gin, Echo, Beegoなど	Laravel, Symfony, CodeIgniterなど	React, Angular, Vue.jsなど
構文	C系統に似ている	C系統に似ている	ECMAScriptベース

主要な企業の使用事例	Google、Uber、Dropboxなど	Facebook、WordPressなど	Facebook、Google、Netflixなど
メリット	高速、コンパイルが高速、並行処理が得意	ウェブ開発向けに特化、簡単な構文	ウェブアプリケーションのクライアントサイド開発に適している
デメリット	一般的なウェブ開発には適していない	パフォーマンスが他の言語に比べて低い	サーバーサイドプログラミングには適していない

この表は、Go言語、PHP言語、JavaScript言語の主要な特性と用途に関する一般的な情報を提供しています。各言語には独自の強みと弱点があり、プロジェクトの要件や目標に応じて最適な選択をする必要があります。

■ 図2-1-6　表形式の応答をすることもできる

You
Go言語、PHP言語、JavaScript言語の比較表を作ってください。

ChatGPT
以下は、Go言語、PHP言語、JavaScript言語の簡単な比較表です。各プログラミング言語には異なる特徴があり、使用ケースによって適している言語が異なります。この表は一般的な特徴の比較であり、全てのケースにおいて適用されるわけではありません。

特徴	Go言語	PHP言語	JavaScript言語
設計目的	シンプルで効率的な開発	ウェブ開発やサーバサイド	ウェブブラウザ上のクライアントサイドとサーバサイド
文法	静的型付け、C言語に似た	動的型付け、C言語やJavaに似た	動的型付け、ECMAScript標準
パフォーマンス	高速で効率的	一般的なウェブアプリに適している	クライアントサイドは高速、サーバサイドは相対的に遅い
用途	システムプログラミング、バックエンド開発	ウェブ開発、サーバサイドスクリプティング	ウェブ開発、クライアントサイドスクリプティング
人気度	急速に成長している	一般的に使用されており、特にウェブ開発において広く使われている	最も広く使用されているプログラミング言語の一つ
並行処理	goroutinesとchannelsを利用して効率的な並行処理が可能	スレッドやプロセスのモデルに依存	イベントループと非同期プログラミングによる並行処理
フレームワーク	標準ライブラリが強力で、外部フレームワークも豊富	Laravel、Symfonyなどが人気	Node.js（Express.jsなど）が一般的
データベースサポート	標準ライブラリやサードパーティライブラリを使用	MySQL、PostgreSQLなどがサポート	MongoDB、MySQLなど多岐にわたるサポート
インストールと実行	コンパイルが必要で、バイナリファイルを配布	インタプリタ言語で、ソースコードを実行	インタプリタ言語で、ブラウザ上で実行

この表は一般的な特徴のみを比較しており、具体的なプロジェクトや使用ケースによっては、他の要因も考慮する必要があります。各言語にはそれぞれ得意な領域があり、選択はプロジェクトの要件や開発者の好みに依存します。

同じ指示文でも、応答結果が表組みになることもあります

Column

表をCSV形式にする

Markdownの表は、コピーしたときに扱いにくいと思うことでしょう。そのようなときは、「**表はCSV形式で**」と追加で指示してください。すると、次のようにCSV形式で出力されます。

CSVの枠の右上の［Copy code］をクリックすればコピーでき、Excelなどに貼り付けられます。

メモ

GPT-4では、ファイル生成し、それをダウンロードできます。「Excel形式でダウンロードできるように」と追加で指示すると、Excelファイルが生成され、ダウンロードできます。

■ 図2-1-7　CSV形式にする

You
表はCSV形式で

ChatGPT
もちろんです。以下はCSV形式での表です。

csv　Copy code

```csv
特徴,Go言語,PHP言語,JavaScript言語
設計目的,シンプルで効率的な開発,ウェブ開発やサーバサイド,ウェブブラウザ上のクライアントサイドとサーバ
文法,静的型付け、C言語に似た,動的型付け、C言語やJavaに似た,動的型付け、ECMAScript標準
パフォーマンス,高速で効率的,一般的なウェブアプリに適している,クライアントサイドは高速、サーバサイドは
用途,システムプログラミング、バックエンド開発,ウェブ開発、サーバサイドスクリプティング,ウェブ開発、ク
人気度,急速に成長している,一般的に使用されており、特にウェブ開発において広く使われている,最も広く使用
並行処理,goroutinesとchannelsを利用して効率的な並行処理が可能,スレッドやプロセスのモデルに依存,イ
フレームワーク,標準ライブラリが強力で、外部フレームワークも豊富,Laravel、Symfonyなどが人気,Node.j
データベースサポート,標準ライブラリやサードパーティライブラリを使用,MySQL、PostgreSQLなどがサポート
インストールと実行,コンパイルが必要で、バイナリファイルを配布,インタプリタ言語で、ソースコードを実行,
```

このCSVデータをコピーして、任意のCSV対応のソフトウェアやスプレッドシートに貼り付けることで、表として表示できます。

さらなる応答が欲しいときは「さらに」

ChatGPTの応答は、途中で打ち切られることもあります。さらに、その続きが欲しいときは、「**さらに**」とだけ入力してみましょう。

すると、そのたびに、次々と応答を返してくれます。

指示の基本的な書き方

ChatGPTに対して、「やってほしいこと」を会話として書けば、その通りに作業してくれます。しかし見出しや箇条書きなどを駆使すると、より望みの応答に近いものが得られます。

適切な応答を引き出すための方針

基本的には、ChatGPTにやってほしいことを、人間にお願いするのと同じように記述すれば、その通りにやってくれます。

特別な書式は必要なく、日本語で人間に話しかけるように指示できます。しかし指示の仕方によって、望みの答えが出やすいかどうかが異なります。これは日常、人間の作業者に指示を出すときに、①ヌケがない、②曖昧さが少ない、③誤読されない、かどうかで、完成物の出来が違ってくるのと同じ理屈です。

そのためには、次のことに気をつけます。

①何をしてほしいのかを明確にする

最終的に何をしてほしいのかを明確にします。とくにプログラムを作ってほしいのであれば、「プログラムを作ってください」「コードを書いてください」としっかり明示的に指示します。

また手順がほしいのであれば、「手順を教えてください」や「手順を箇条書きにしてください」などと、この場合も目的を明示的に指示することが効果的です。

②対象を明確にする

もし作業がデータの加工などであるなら、**「何に対して」の部分を明確に**します。

たとえば、「あるテキストデータを加工する」のであれば、そのデータをChatGPTがわかりやすいかたちで記述します。Markdownでは、引用記号の「>」を使って表現できますが、プログラムコードの書式「```」で全体を囲んでも、同様の効果があります。

③固有の単語は「」や""で囲む

プログラムを作るときは、さまざまな名称（変数、データの項目名、データベース名など）を指定することがあるかと思います（本書では、そうした例が、このあといくつか登場します）。

そういう**名称があるときは、「」や""で囲んで、わかりやすくする**と、うまく処理されやすいです。

Column

プロンプトエンジニアリング

望みに近い応答を引き出す指示（プロンプト）を作る技法を「**プロンプトエンジニアリング**」と言います。先人により、さまざまなプロンプトエンジニアリングが考案されていて、それらをまとめたブログ記事などを読めば、いくつかの基本的なテクニックを習得できます。

本書では、固有のプロンプトエンジニアリングについては触れませんが、望みに近い応答を引き出すプロンプトの例はたくさん紹介します。

見出し、箇条書き、引用を活用する

前節では、ChatGPTはMarkdown形式で出力すると説明しましたが、**ユーザーが指示するときにも、もちろんMarkdown形式が使えます**。

Markdown形式には、いくつかの記法がありますが、ChatGPTに指示を出すうえでは、次の4つの記法を覚えておけば十分です。

①見出し「#」

行頭に「#」を付けると、見出しの意味になります。「#」が「大見出し」、「##」が「中見出し」のように、「#」の数によって、見出しの深さを変えられます。

②箇条書き「-」

「-」を付けると、箇条書きの意味になります。

③番号付き箇条書き「1.」「2.」…

「1.」や「2.」のように**「番号とピリオド」を付けると、番号付き箇条書きの意味に**なります。

④引用「>」と「```」

引用箇所は、行頭に「>」を記述します。ただし、複数行に渡るとき、それぞれに「>」を記述するのは大変なので、**Markdownにおけるコードブロックを示す「```」で代替する**とよいでしょう。「```」と「```」で全体を囲めば、ひとつのまとまったブロックとして認識されます。

上記の表記を使ったChatGPTへの指示の例を以下に示します。こうした長い入力は、ブラウザから入力すると間違えるので、一度、テキストエディタで入力しておいて、それを貼り付けることをおすすめします。

入力例（sample02_2.txt）

次の仕様でコードを作ってください。

\# 関数の仕様 1
\- A4サイズの横サイズのPDFを作る 2
\- 引数に文字列をとり、その文字の大きさを60ptにして中央に出力する
\- 言語はPHP

\# 対象 3

次のデータを上記の関数に渡して、3枚のPDFを作る

``` 4
株式会社にゃんこ ご一行さま
わんこ株式会社 ご一行さま
わんことにゃんこの同好会 ご一行さま
```

活用アイデア

1 **見出しの書式**を使って「関数の仕様」を書きました。
2 **箇条書きの書式**を使って指示を出しました。
3 **見出しの書式**を使って「対象」を書きました。
4 **引用書式**を使って、対象データを書きました。

応答例

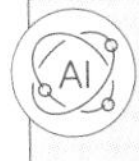

以下は、指定された仕様に基づいて、PHPを使用して3枚のA4サイズのPDFを作成するコードの例です。このコードはTCPDFライブラリを使用してPDFを生成します。まず、TCPDFライブラリをインストールしてください。

```
<?php
// TCPDFライブラリのインクルード
require_once('tcpdf/tcpdf.php');
```

```
// PDFを作成する関数を定義
function createPDF($text, $filename) {
    // 新しいPDFインスタンスを作成
    $pdf = new TCPDF('P', 'mm', 'A4', true, 'UTF-8');

    // ページを追加
    $pdf->AddPage();

    // フォントとフォントサイズを設定
    $pdf->SetFont('helvetica', '', 60);

    // テキストの中央揃えを設定
    $pdf->SetXY(0, 0);
    $pdf->Cell(210, 297, $text, 0, 0, 'C');

    // PDFファイルを保存
    $pdf->Output($filename, 'F');
}

// 3つのPDFを作成
createPDF('株式会社にゃんこ ご一行さま', 'nyanko.pdf');
createPDF('わんこ株式会社 ご一行さま', 'wanko.pdf');
createPDF('わんことにゃんこの同好会 ご一行さま', 'doukoukai.pdf');

echo 'PDFファイルが作成されました。';
?>
```

── 省略 ──

■ 一発応答を求めず、繰り返し前提にする

ChatGPTに望みの応答を求める場合は、先ほど説明した書式を使って、わかりやすく書くのが良いですが、それは推奨に過ぎません。ChatGPTは言語を理解しており、多少、雑でも、それなりの応答をしてくれます。

整った指示を作るのになかなか慣れず、それを考えるのに時間をかけるぐらいなら、**雑にパッっと指示して、もし自分の求む応答ではなかったときは、再生成させたり、追加で修正の指示を出したりして、段々と調整して近づけていくのが現実的**です。

いくらChatGPTが賢くても、そして、あなたの指示が的確でも、求める応答が100%返ってくるわけではありません。それであれば、そんなに時間をかけずに、雑にでもどんどん指示していったほうが、時短の効果があります。

Column

英語と日本語の性能の違い

ChatGPTは英語で語りかければ応答を英語で、日本語で語りかければ応答を日本語で返してくれます。これはどちらかの言語に翻訳されるわけではなく、「1-4 ChatGPTの仕組みと注意点」で説明したように、LLMの性質上、英語のときは英語の学習結果から、日本語のときは日本語の学習結果からの応答が得やすい仕組みのためです。

ですから、好みの言語で語りかけるので問題ありません。ただ現実的には、英語のほうが性能が高い傾向にあります。これは、英語のほうがコンテンツが多くて学習量が多い、ユーザー数も多く、そのフィードバックが反映されている、などが理由として考えられます。

しかし最近は、日本語で質問しても、遜色ない応答が得られるようになってきたので、英語が苦手な人が、わざわざ英語で指示する理由は、あまりありません。

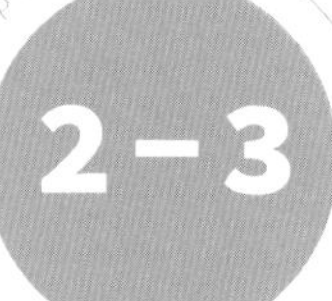

2-3 結果の保存とエクスポート

ChatGPTと会話した内容は、オプトアウトしていなければ履歴として残ります。また履歴を他の人と共有したり、自分のPCにダウンロードしたりすることもできます。

履歴の確認

ブラウザ画面の左側には、過去の履歴が表示されます。ただし履歴が表示されるのは、設定の［チャット履歴とトレーニング］がオンになっているときに限られます。ChatGPTを業務で使用する場合は、ご注意ください（「1-6 オプトアウトしておこう」を参照）。

履歴をクリックすると、そのチャットの流れに切り替えて、さらに別の指示を続けられます。

■ 図2-3-1 履歴の確認

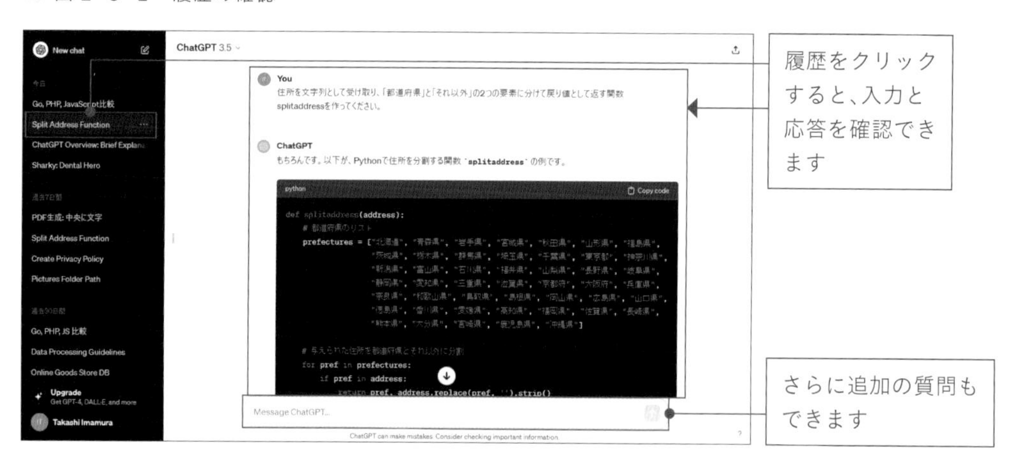

履歴をクリックすると、入力と応答を確認できます
さらに追加の質問もできます

履歴の名称変更、削除、共有

履歴の共有・名称変更・削除

履歴の右側に表示された［…］というアイコンをクリックしてメニューを表示すると、［Share］、［Rename］、［Delete Chat］が選択できます。［Share］はChatGPTとの質問と応答

のリンクをコピーできる機能で、他人にチャットを見せたい場合に便利です。［Rename］はチャットの名称変更ができ、［Delete Chat］はこのチャット自体を削除できます。

履歴の共有

上記以外の共有方法として、履歴画面のいちばん右上にある、⇧を選択すると、共有リンクが作られます。そのリンクをコピーしてメールなりを使って他人に渡せば、その人がこれまでの履歴を閲覧できるようになります。

メモ

設定した共有リンクを削除したいときは、設定画面の［共有されたリンク］から操作できます。

会話内容のエクスポート

ChatGPTとの会話の内容（HTMLファイルに記載された質問・応答の内容やJSONファイルなど）をダウンロードして、自分のPCに保存することもできます。その場合は**エクスポート機能**を使います。

■ 図2-3-2　データをエクスポートする

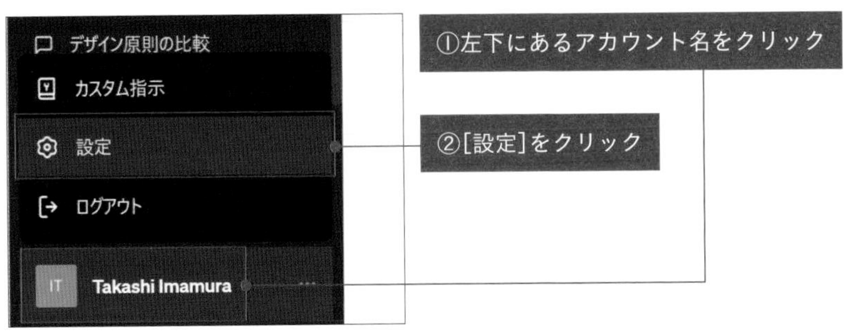

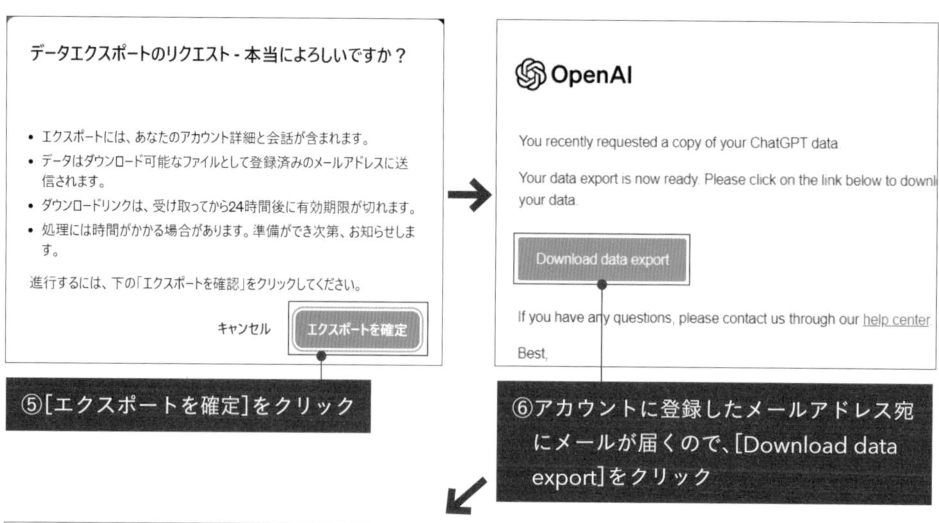

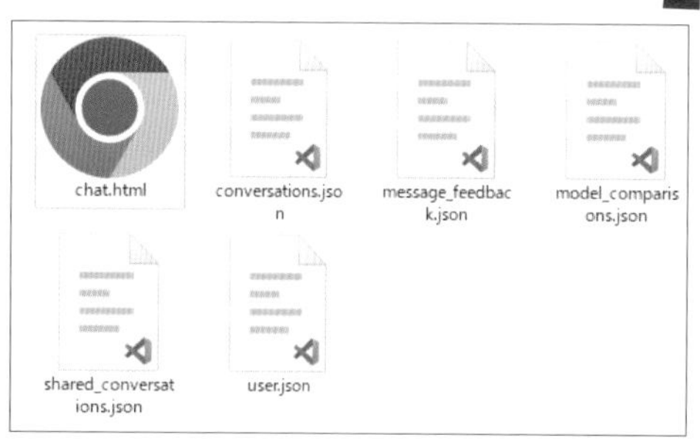

すべてのチャットの質問・応答ごとにテキストをまとめたHTMLのほか、それに付随する設定が含まれているJSONファイルがダウンロードできます

メモ

ChatGPT Plusを使っている場合は、手順②が［プラス設定＆ベータ］に置き換わりますが、同様の操作でエクスポートが可能です。

カスタム指示とMyGPT

ChatGPTは、応答をいくつかカスタマイズする方法を提供しています。たとえば、次の2つの方法があります。

■ ①カスタム指示

画面左下のアカウント名をクリックして表示される［**カスタム指示**］を選択すると、「ChatGPTにあなたについて何を知らせれば、より良い応答を提供できると思いますか？」と「ChatGPTにどのように応答してほしいですか？」の2つの設定ができます。それぞれ、

ChatGPTと会話するときに、「事前に伝えておく情報」と「事後に対応してほしい情報」です。設定しておくと、会話入力の前後に、これらの指示が自動で加わります。

たとえば、「ChatGPTにあなたについて何を知らせれば、より良い応答を提供できると思いますか？」に対して、「プログラミング言語はPHPとします」を設定しておけば、以降の会話のそれぞれで、言語を明示的にPHPだと指示に含めなくて済むようになります。

■ 図 2-3-3 カスタム指示

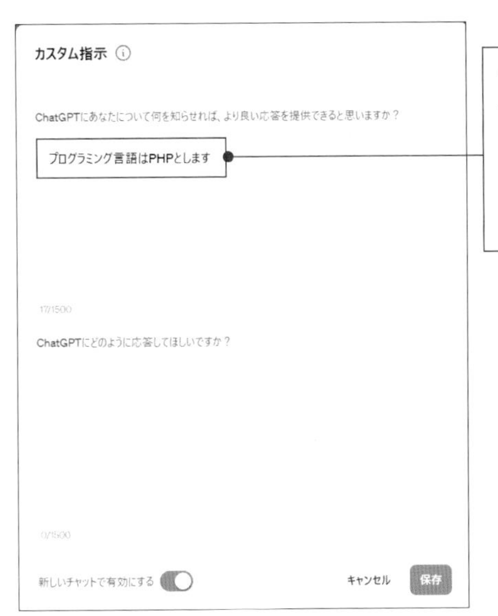

たとえば、プログラミング言語をPHPに指定しておくことで、以降の会話でPHPを明示しなくても済むようになります

■ ②MyGPT（ChatGPT Plusユーザーのみ）

MyGPTは、目的に応じたデータを独自に学習させて作るオリジナルのGPTのことです。言い換えると、自分好みのChatGPTを作成できる機能です。

あらかじめデータを教え込ませておくことで、教え込んだ内容に基づいた応答ができるようになります。教え込む場合は、会話をして教えていくだけでなく、ファイルのアップロードもできるため、PDFファイルなどの資料もまとめて学習できます。

MyGPTの用途

一般的な文脈で使うなら、「地域の情報を読み込ませて観光案内させる」「自社が扱う商品を読み込ませておき、商品を解説したりお勧めの商品を提案させる」といった使い方が挙げられます。プログラミングの文脈で使うのなら、「仕様書を読み込んでおいて、仕様について尋ねると、その回答がもらえる」といった目的に使えることでしょう。

MyGPTを使う

ChatGPT Plusアカウントにて、画面左の［Explore］をクリック、もしくは画面左下のメニューから［MyGPTs］をクリックすると、図2-3-4のようにGPTを選ぶ画面が表示されます。

画面には、OpenAI社が提供しているいくつかのMyGPT一覧が表示されている（たとえば「DALL-E」は画像生成に特化されたチャット、「Data Analysis」はデータ分析に特化されたチャット）ので、それらを選べば、それぞれに特化したチャット機能を使えます。

またインターネットでは、第三者が作ったMyGPTも共有URLの形式で公開されていることがあります。そうしたURLから辿れば、第三者が作成した特化チャットも使えます。

自分だけのGPTを作る

図2-3-4の画面から［Create a GPT］をクリックすると、チャットの画面が表示されます。ここで会話したり、ファイルをアップロードして知識を覚え込ませると、オリジナルのMyGPTを作成できます。

■ 図2-3-4　GPTを選ぶ

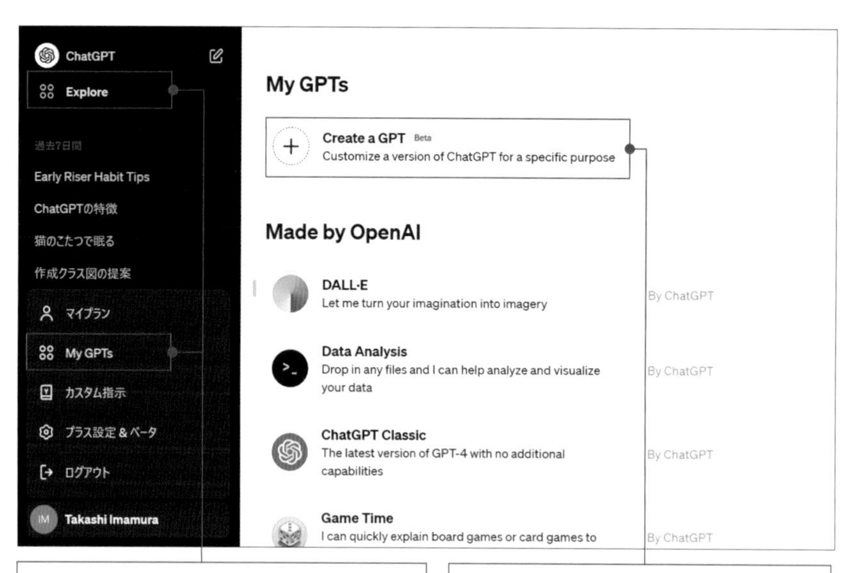

［Explore］または［MyGPTs］をクリックすると、目的に合わせて作成されたオリジナルのGPTが一覧表示されます

［Create a GPT］をクリックすると、会話やファイルの情報を基にしたオリジナルのMyGPTを作成できます

■ 図2-3-5　MyGPTを作成する

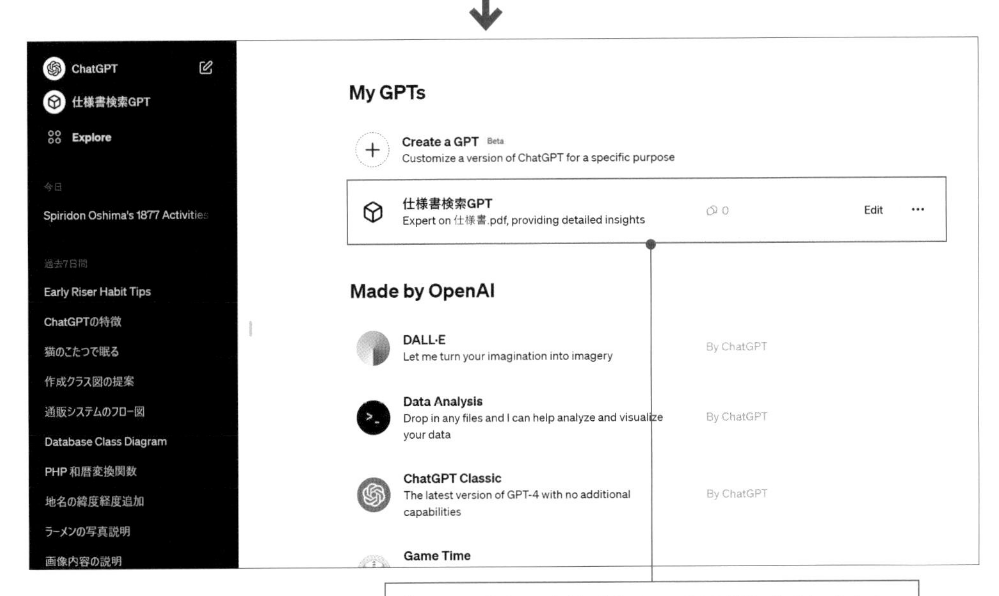

Chapter 3

[コードを書かずにアプリ開発①]

ゼロからWebアプリを作ってみよう

ChatGPTを使えば、あまり詳しくない分野でも、
少しずつ聞きながらプログラミングしていけます。
この章では、ChatGPTに聞きながら、
商品の在庫管理をするWebアプリを作っていくことで、
ChatGPTを活かしたプログラミングの基本を体験します。

ChatGPTと会話しながらWebアプリを作る

ChatGPTは、さまざまなプログラムの作り方を知っています。それを引き出すプロンプトを入力すれば、プログラムの作り方を教えてくれます。

在庫管理をするWebアプリを作ってみよう

この章では、**まったく白紙の状態から、1本のWebアプリを作ることを目指します。**

具体的には、図3-1-1に示す在庫管理アプリを作ります。「商品名」「商品の画像」「数量」「価格」を保存して管理できるシステムです。ただし、注意していただきたいのは、**ChatGPTが同じ応答をするとは限らず、生成されるコードも読者のみなさんとは異なる可能性が高いため、まったく同じアプリを再現できるとは限らない**ことです。あくまでも、ゼロからアプリを開発する際のプロンプトの例として参考にしていただけると幸いです。

■ 図3-1-1　この章で作成する在庫管理アプリ

環境構成やデータベースの作り方もChatGPTにお任せ

システムを作る場合、私たちが知らなければならないのは、「コードの書き方」だけではありません。システムを作ったり、動かしたりする環境も必要です。

例えば今回はWebアプリを作りますが、Webアプリを作るには、Rubyだったり、PHPだったり、JavaScript(Node.js) だったり、Javaだったりという、それを動かしたり開発したりする環境が必要です。そして、商品情報を管理するのであれば、それらを保存するためのデータベースも必要です。

ChatGPTは、こうした付随する情報も、もちろん知っています。

この章では**コードの書き方だけでなく、こうした情報も含めて総合的にChatGPTを活用して、Webアプリを作っていく流れを体験**します。

■ 図3-1-2　付随する情報もChatGPTに聞きながら作る

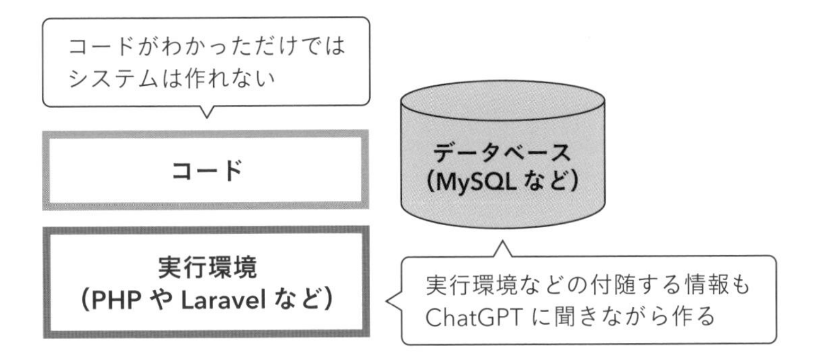

この章で扱うシステム構成

例題の在庫管理アプリは、どのような環境に構築してもかまわないのですが、この章では、**プログラミング言語としてPHPを用い、Laravelというフレームワークを使って構築**していきます。

Laravelは、PHPでWebアプリを作るときによく使うフレームワークです。これを選んだ理由は、Laravelが2011年に公開されて以来、GitHub上で75000スターを獲得している信頼性の高いフレームワークであり、実際のWebアプリ開発で、比較的よく使われている構成だからです。

データベースには、MySQL(もしくはMariaDB)を使います。これを選んだ理由も、Laravelと組み合わせるときのメジャーな構成であり、インターネットでの情報が多いからです。

メモ

MySQLは無料で使えるオープンソースのデータベースです。MariaDBは、MySQLの開発者がスピンアウトして新たに開発をはじめたMySQLと互換性を持つデータベースです。

読者の皆さんが、こうしたフレームワークやデータベースについて知っていることは、重要ではありません。なぜなら、**すべてChatGPTに聞きながら作っていくので、言語仕様を詳しく知っている必要がない**ためです。むしろ知らないほうが、「ChatGPTに、こういうふうに聞けば、未知の開発言語や実行環境でも、作っていけるのだな」ということを体験できるはずです。

活用アイデア

そういった意味では、もしPHP+Laravelについて詳しい人は、あまり自分が詳しくない分野——例えば近いところだとRuby on Rails、場合によっては、いっそのことフロントエンドのReactやVue.jsなど、もしくは、もっと大きく構成が異なるスマホアプリ——で同等のことをやってみると、未知の分野で、どれだけChatGPTが活かせるかを体験できることでしょう。

もちろん、あえて詳しく知っている分野で試して、「自分が知っている手法、自分が思い描くコードなどと、どのぐらい似ているか、もしくは、かけ離れているか」など、ChatGPTの性能を評価するのもよいと思います。

3-2 Webアプリの実行環境を作る

それでは、早速はじめていきます。ChatGPTに聞きながら、まずは、PHP+Laravelの実行環境を作っていきましょう。

新しいセッションを始めよう

まずは、Chapter 2で説明したように、新しいセッションを作って、そこから始めます。

■ 図3-2-1　新しいチャットを始める

■ Laravelの開発環境を聞いてみよう

では、早速、Laravelの開発環境について、聞いてみましょう。ここではWindows環境を想定しています（以下、個々の応答例が変わる可能性が高いため、サンプルの提供は割愛します。みなさん、ご自身で入力しながらお試しください）。

入力例

Laravelで Webアプリケーションを作ります。<u>OSはWindowsです</u>2。<u>開発環境の作り方</u>1を教えてください。

活用アイデア

■1「Laravel」について、「開発環境の作り方」を聞いています。

■2「OSはWindows」のように限定しています。OSによって、やり方が違うことが想定される場合など、回答がたくさんありそうなときは、**できるだけ限定して聞くのがポイント**です。最近では、Laravelの開発環境を「Docker」というコンテナ実行ソフト（仮想化ソフトの一種）を使って構築する例も増えています。その場合は、「Dockerを使って」と伝えるとよいです。逆に、回答として、Dockerを使ったものが出てきた場合は、「Dockerを使わずに」というように聞き直すとよいです。

応答例

LaravelをWindowsで開発するための環境を構築するには、以下のステップに従ってください。Windows向けの開発環境は、通常、XAMPPやWAMPなどのWebサーバーソフトウェアを使用して構築されます。以下は、LaravelをWindowsで始めるための一般的な手順です。

1. **PHPのインストール：**■3
LaravelはPHPフレームワークですので、まずはPHPをインストールする必要があります。Windows向けにPHPを簡単にインストールできるツールとして、XAMPP（https://www.apachefriends.org/index.html）またはWAMP（https://www.wampserver.com/en/）をお勧めします。これらのツールをダウンロードし、インストールしてください。

2. Composerのインストール：
ComposerはPHPのパッケージ管理ツールで、Laravelの依存関係を管理します。Composerをダウンロードしてインストールします。Composerのインストーラーは、https://getcomposer.org/ から入手できます。

3. Laravelインストール：
Composerがインストールされたら、コマンドプロンプトまたはターミナルを開いて、Laravelをインストールします。

```
composer global require laravel/installer
```

Laravelインストーラーをグローバルにインストールすることで、どのディレクトリからでも新しいLaravelプロジェクトを作成できるようになります。

4. 新しいLaravelプロジェクトの作成：
任意のディレクトリで、新しいLaravelプロジェクトを作成します。

```
laravel new myproject
```

これにより、"myproject"という名前の新しいLaravelプロジェクトが作成されます。

5. ローカルサーバーの起動：
Laravelプロジェクトのルートディレクトリに移動し、ローカル開発サーバーを起動します。

```
cd myproject
php artisan serve
```

これにより、http://localhost:8000 でアプリケーションにアクセスできるようになります。
これで、Windows環境でLaravelアプリケーションの開発が始まりました。テキストエディタや統合開発環境（IDE）を使用して、コードを編集し、アプリケーションを構築していくことができます。また、データベース設定やルーティングなどの詳細は、Laravelの公式ドキュメント（https://laravel.com/docs）を参照してください。

PHPをインストールする

ChatGPTに聞いたら、Laravelを使うには、5つの手順が必要なようです。この5つの手順に従って、インストールしていきましょう。まずは、PHPのインストールからです。

■ XAMPP、それとも、WAMP？

3では、PHPの環境として、XAMPPやWAMPが推奨されています。どちらがよいかを聞いてみましょう。

活用アイデア

ChatGPTが提示する手順は、異なることがあります。この応答例では、XAMPPやWAMPが推奨されていますが、筆者が過去に試したときは、https://php.net/からPHPだけをインストールする方法が提案されたケースもあります。**「何を使ってインストールするのか」をあらかじめ知っている場合は、「LaravelでWebアプリケーションを作ります。OSはWindowsで、XAMPPを使います。開発環境の作り方を教えてください」など、XAMPPを使うことを明示して絞る**と、望みの回答が出やすくなります。

入力例

XAMPPとWAMPのどちらがよいですか？

応答例

XAMPPとWAMPは、Windows上でWeb開発環境を構築するためのツールで、どちらも便利な選択肢

です。どちらが「よい」かは、あなたの好みやプロジェクトの要件に依存します。以下は、両方のツールのいくつかの特徴と利点です。

XAMPP(クロスプラットフォーム、Apache、MySQL、PHP、Perl):

1. クロスプラットフォーム: XAMPPはWindowsだけでなく、LinuxやmacOSでも使用できるため、異なるプラットフォーム間での移植性が高いです。

2. 簡単なインストールと管理: インストールが非常に簡単で、Apache、MySQL、PHPなどのコンポーネントを一括してセットアップできます。管理ダッシュボードも提供されており、サーバーの状態を監視できます。

3. 広範なコミュニティサポート: XAMPPは広く使用されており、オンラインで利用可能なドキュメンテーションやフォーラムが豊富です。問題が発生した場合、サポートを求めるのが比較的簡単です。

WAMP(Windows、Apache、MySQL、PHP):

1. Windows専用: WAMPはWindows専用のツールで、Windows環境でのみ使用できます。Windowsに最適化されています。

2. シンプルな構成: WAMPはApache、MySQL、PHPの3つの主要なコンポーネントのみを提供し、シンプルな構成が特徴です。必要なものだけをインストールできます。

3. 使いやすい: WAMPもインストールと設定が簡単で、ApacheとMySQLの設定が直感的です。**特に初心者に向いています❶**。

どちらのツールが適しているかは、あなたのプロジェクトの要件と経験に依存します。プラットフォームの移植性が必要であればXAMPP、Windows専用のシンプルな環境が必要であればWAMPを選択できます。また、後で必要に応じてコンポーネントを追加または変更することもできます。どちらを選んでも、LaravelをWindowsで開発するのは問題ありません。

回答では、どちらを選んで大差ないようですが、**WAMPについては、❶で「特に初心者に向いています」**と書かれているので、こちらを使いましょう。

メモ

ChatGPTの回答からもわかりますが、XAMPPかWAMPかは、好みです。日本国内ではXAMPPも多く使われています。今回はWAMPを使いますが、XAMPPを使っても問題ありません。

WAMPをインストールする

では、WAMPをインストールします。

入力例

WAMPをインストールする方法を教えてください。**注意点があれば、それも教えてください**❶

活用アイデア

❶「注意点があれば教えてください」とすることで、注意点を教えてくれる可能性が高くなります。実際、応答例の❷では「注意点」の欄が表示されています。

応答例

WAMP（Windows、Apache、MySQL、PHP）をインストールする手順を以下に示します。WAMP Serverのインストールは比較的簡単で、Laravelプロジェクトを開発するためのWebサーバー環境を提供します。

注意点：❷

・インストール前に、すでにポート80を使用しているアプリケーション（たとえば、SkypeやIISなど）を停止しておくことをお勧めします。WAMP Serverもポート80を使用するため、競合を避けるためです。
・インストール時には、64ビット（x64）または32ビット（x86）のバージョンを選択できます。コンピュータのアーキテクチャに合ったバージョンを選んでください。

以下は、WAMP Serverをインストールするステップです：

1．WAMP Serverのダウンロード：
WAMP Serverの公式ウェブサイト（https://www.wampserver.com/en/）から、最新のバージョンをダウンロードします。ウェブサイトにアクセスし、ダウンロードリンクをクリックしてください。❸

2．インストール：
ダウンロードしたインストーラーを実行します。インストーラーが起動すると、言語を選択するプロンプトが表示されます。言語を選択し、次へをクリックします。

3．ライセンス契約：
ライセンス契約に同意し、次へをクリックします。

```
4. インストールディレクトリの選択：
WAMP Serverをインストールするディレクトリを選択します。通常、デフォルトのディレクトリをその
まま使用して問題ありません。次へをクリックします。

5. 追加タスクの選択：
インストール時に追加のコンポーネントを選択できます。通常、デフォルトの設定をそのままにしてお
けば問題ありません。次へをクリックします。

6. デフォルトブラウザの選択：
WAMP Serverが起動時に使用するデフォルトのWebブラウザを選択します。通常、デフォルトの設
定をそのままにしておけば問題ありません。次へをクリックします。

7. MySQLのルートパスワードの設定：
MySQLのルートパスワードを設定します。このパスワードはMySQLの管理者として使用されます。セ
キュアなパスワードを設定し、覚えておいてください。次へをクリックします。

8. phpMyAdminの設定：
phpMyAdminのパスワードを設定します。これはphpMyAdminにアクセスする際に使用します。セ
キュアなパスワードを設定し、次へをクリックします。

9. インストールの開始：
インストール設定がすべて正しいことを確認し、インストールを開始します。インストールが完了するま
で待ちます。

10. インストールの完了：
インストールが完了すると、終了をクリックしてWAMP Serverを起動できます。

これでWAMP Serverがインストールされ、Laravelプロジェクトの開発環境をセットアップする準
備が整いました。WAMP Serverを起動し、ローカルでWebアプリケーションを開発できます。
```

❸によれば、WAMP Serverの公式ウェブサイト（https://www.wampserver.com/en/）からダウンロードしてインストールすれば、よさそうです。

注意点❷にあるように、確かに、64ビット版と32ビット版があるようです。自身の環境に合わせてダウンロードしてインストールします。ここでは、64ビット版を使います。リンクをクリックして、ダウンロードします。

メモ

古いPCでなければ、ほとんどの場合、64ビット版を使えばよいです。もし64ビット版が動かないPCであれば、実行したときにエラーが表示されるのでわかります。その場合に限り、32ビット版を使えばよいです。

メモ

リンクをクリックすると、ユーザー情報の登録が求められます。登録せずに、[you can download it directly] のリンク（https://sourceforge.net/projects/wampserver/files/WampServer%203/WampServer%203.0.0/wampserver3.3.0_x64.exe/download）をクリックして、直接ダウンロードすることもできます。

■ 図 3-2-2　WAMP をダウンロードする

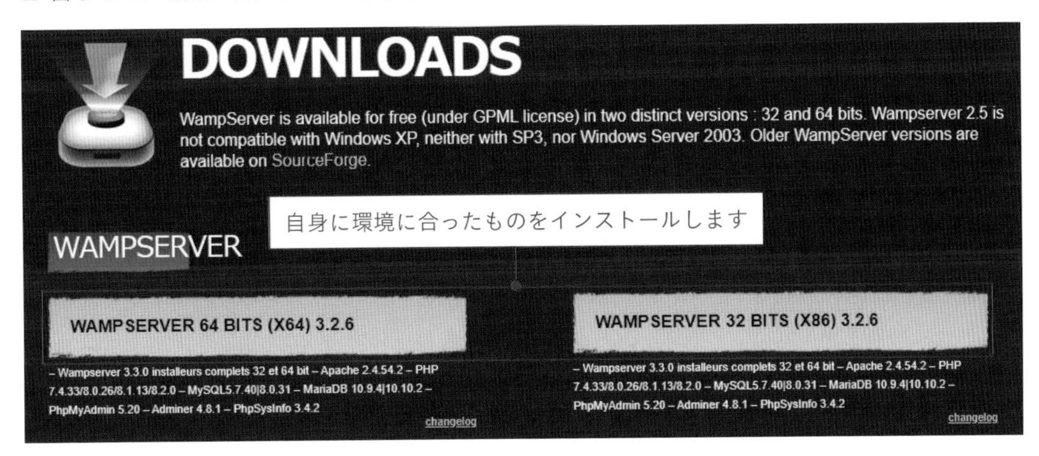

ダウンロードしたら、実行し、画面の指示に従ってインストールしていきます。途中、わからないことがあれば、ChatGPTに聞けばわかりますが、細かい説明するとキリがないので、ここでは、とくに躓くこともなく、インストールできたと想定します。

インストールが完了したら、[スタート] メニューから [Wampserver64] を選択して起動しておきます。起動すると、タスクトレイにアイコンが追加されます。

■ 図 3-2-3　WAMP をインストールし、Wampserver64 を実行する

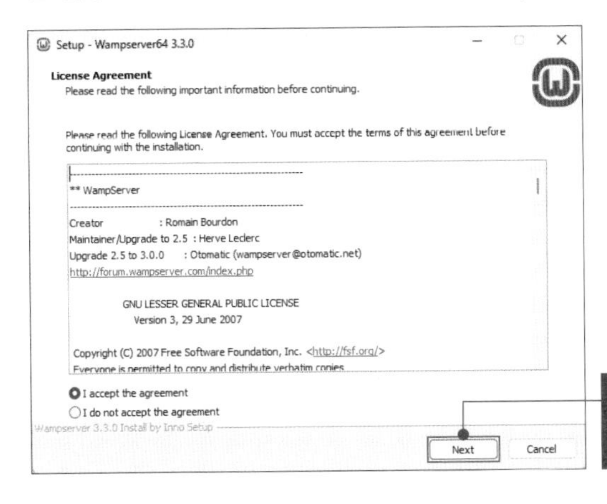

最近
Wampserver64
Windows PowerShell
9月12日
あなたのためのゲーム
②スタートメニューをクリックし、
一覧から「Wampserver64」を選択
③タスクトレイに「Wampserver64」
が表示されることを確認

Composerをインストールする

これで第一段階、「PHPのインストール」が終わりました。次に、Composerをインストールします。ChatGPTは、次のように応答しています。

応答例（P.54再掲）

2. Composerのインストール：
ComposerはPHPのパッケージ管理ツールで、Laravelの依存関係を管理します。Composerをダウンロードしてインストールします。Composerのインストーラーは、https://getcomposer.org/ から入手できます。

これだけだと、入手方法しかわからないので、改めて、インストール方法を聞いてみます。

入力例

Composerのインストール方法を教えてください

応答例

ComposerをWindowsにインストールする手順を以下に示します。ComposerはPHPのパッケージ管理ツールで、Laravelプロジェクトなどを効果的に管理できます。

1. PHPのインストール：
Composerをインストールする前に、PHPがインストールされていることを確認してください。XAMPPやWAMPを使用している場合、PHPは既にインストールされているはずです。インストールされていない場合は、PHPの公式ウェブサイト（https://windows.php.net/download/）からWindows用のPHPバイナリをダウンロードし、インストールしてください。

2．Composerのダウンロード：
Composerの公式ウェブサイト（https://getcomposer.org/download/）からWindows用のComposerインストーラーをダウンロードします。**インストーラーは、".exe"ファイルとして提供されています。**1

3．インストール：
ダウンロードしたComposerインストーラー（.exeファイル）を実行します。インストールウィザードが表示されるので、**以下のステップに従って進めてください。**2

・利用規約に同意します。
・ローカルのPHPを自動検出するか、手動で指定します。既存のPHPインストールを使用する場合は、既存のPHPバイナリを指定します。
・Composerをグローバルにインストールするか、このユーザーのみにインストールするかを選択します。通常、グローバルにインストールすることをお勧めします。
・Composerのパスを設定します。通常、デフォルトのままで問題ありません。

4．インストールの確認：
インストールが完了すると、Composerが正常にインストールされたことを確認するためにコマンドプロンプトまたはターミナルを開き、以下のコマンドを実行します。

```
composer --version
```

インストールされたComposerのバージョンが表示されれば、インストールは成功しています。

これでComposerがWindowsに正常にインストールされ、PHPプロジェクトの依存関係を管理できるようになります。Composerを使用してLaravelプロジェクトを作成したり、パッケージをインストールしたりできます。

1 2によると、インストーラーが提供されているので、それをダウンロードしてインストールすればよいのですね。https://getcomposer.org/download/にアクセスして、インストーラー（Composer-Setup.exe）をダウンロードします。

活用アイデア

1**ファイルをダウンロードするときは、本来、その安全性に注意すべき**です。ほとんどないとは思いますが、ChatGPTは間違うことがあるので、怪しいファイルをダウンロードするように指示する確率もゼロではないためです。例えば、「getcomposer.org」の所有者は誰かを**Googleなどで確認する**などしたほうが安心です。

■ 図 3-2-4　インストーラーをダウンロードする

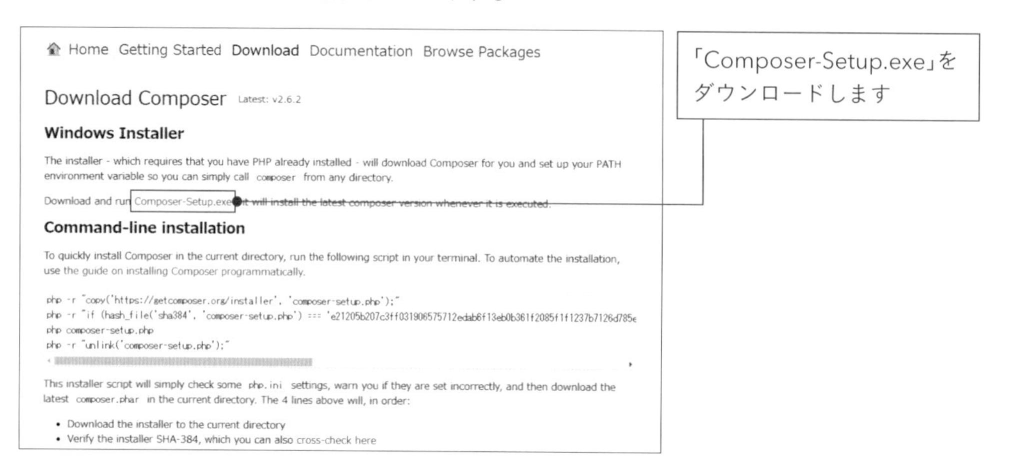

■ インストールオプションで迷ったら

そして、ダウンロードしたインストーラーを起動して実行していきます。ここまでは問題なさそうですが、「Developer mode」という怪しげなオプションが現れました。オンにすべきなのでしょうか？　ChatGPTに聞いてみましょう。

■ 図 3-2-5　インストール途中でわからないオプションが出てきた

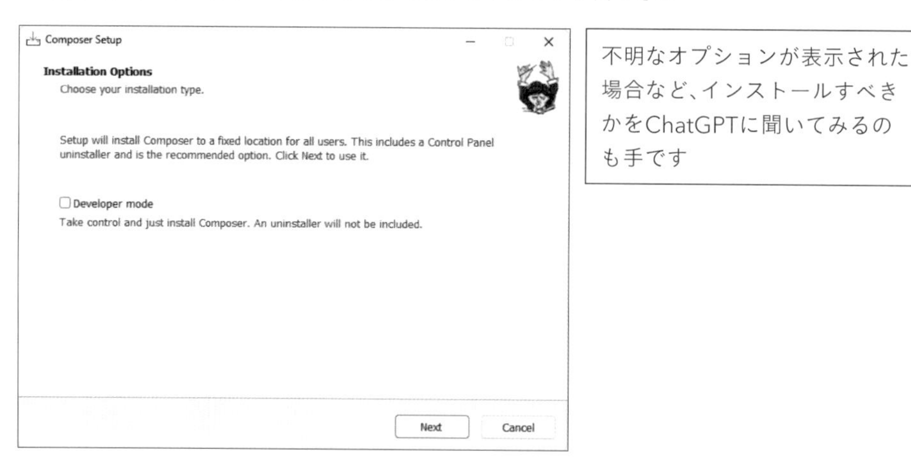

入力例

Composerをインストールするとき、**Developer modeはオンにするべきですか？** 1

活用アイデア

ここでは、1オンにするかべきかどうかを聞いています。代わりに「Developer modeとは何ですか？」と聞いてしまうと、解説だけが表示され、オンにしていいのかオフのほうがいいのかがわからない回答が得られる可能性が高くなります。

応答例

Composerのインストール中に「Developer mode」(開発者モード)をオンまたはオフにするかどうかは、一般的な開発環境の設定に依存します。このモードは、Composerの動作に影響を与えるいくつかの設定を制御します。

通常、**Composerをインストールする際には「Developer mode」をオフにしてインストールすることが一般的です1**。こうすることで、Composerは安定したバージョンの依存関係をインストールし、開発環境に不要なパッケージや開発用のツールを含めないようにします。これにより、プロジェクトのパフォーマンスが向上し、不必要なコンポーネントが含まれないようになります。

ただし、開発中にComposerを使用してパッケージを更新したり、新しいパッケージを追加したりする場合には、「Developer mode」をオンにすることが役立つことがあります。このモードでは、開発用のパッケージやツールもインストールされるため、開発プロセスをサポートするのに役立ちます。

要するに、プロジェクトのニーズに応じて「Developer mode」を選択できます。一般的なプロジェクトであればオフにし、開発中の一時的なニーズに応じてオンに切り替えることができます。インストール後にモードを変更することもできますので、柔軟に対応できます。

以下は、Composerをインストールする際に「Developer mode」をオフにするコマンドの例です：

```
composer install --no-dev
```

そして、後で必要な場合には「Developer mode」をオンにするコマンドの例です：

```
composer install --dev
```

開発環境に合わせて適切な設定を選択してください。

いろいろと解説が出てきていますが、**1で「オフにしてインストールすることが一般的**です」とあるので、ここではオフのまま進めましょう。

そのほかのオプションも、わからないところがあれば、ChatGPTに聞くことができますが、ここでは**読者が間違った選択肢を選んで、戸惑うのを避けるため、以下では一点のみ、筆者が適切な回答を**出しておきます。

■ 知識が必要な場合は、適切な対処を

インストールを進めると、「PHPのバージョンの選択とパスの追加」をする画面が表示されます。WAMPには、複数のバージョンのPHPが含まれているため、ドロップダウンリストで、そのどれかを選択できます。ここでは、バージョンがもっとも新しいもの（php8.2.0）を選択します。

また同じ画面に、［Add this PHP to your path?］というチェックボックスがあります。これは、PowerShellやコマンドプロンプトなどから「php」とだけ入力したときに、PHPがインストールされている場所を探して実行できるようにする仕組みです。チェックを付けておかないと、この機能が働かないので、チェックを付けておきます。

これ以外の画面は、デフォルトのまま［Next］をクリックしていけば、インストールが完了します。

メモ

ここでは、筆者が上記のようにやり方の答えを出していますが、もちろん、ChatGPTに「PHPのバージョンは、どれを選べばよいですか？」「［Add this PHP to your path?］はオンにすべきですか」と聞けば、適切な回答を返してくれます。ちなみに回答としては、前者については「Laravelが対応するバージョンと合わせること」、後者については「通常の一般的なインストール手順では、オンにすることをおすすめします」という旨の回答が得られます。

■ 図3-2-6　PHPのバージョンの選択とpathの設定

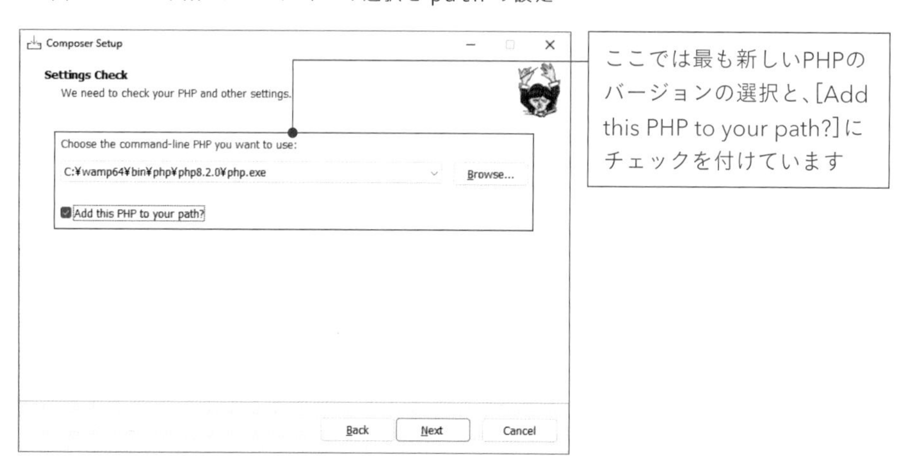

Composerのインストール手順では、コマンドプロンプトを開いて、Composerのバージョンを確認せよと回答していました。

応答例（P.61再掲）

4．インストールの確認：
インストールが完了すると、Composerが正常にインストールされたことを確認するためにコマンドプロンプトまたはターミナルを開き、以下のコマンドを実行します。

```
composer --version
```

インストールされたComposerのバージョンが表示されれば、インストールは成功しています。

これに従って、コマンドプロンプトを開き、「composer --version」と入力し実行します。すると、バージョンが表示されました。インストールできたようです。

■ 図3-2-7 Composerがインストールされたかどうかの確認

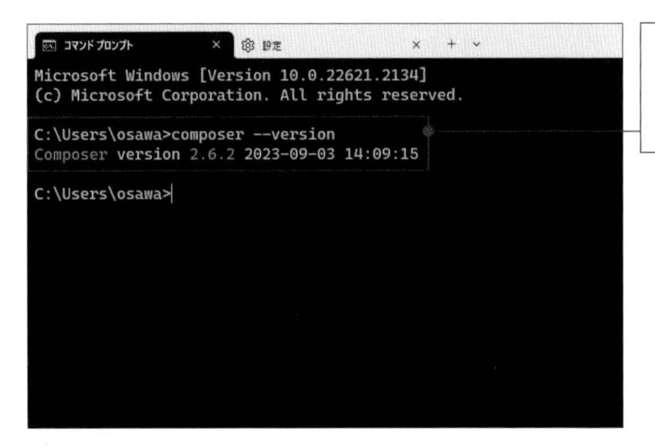

Laravelのインストール

続いて、Laravelをインストールします。ChatGPTの応答は、次のようでした。

応答例（P.54再掲）

Composerがインストールされたら、コマンドプロンプトまたはターミナルを開いて、Laravelをインストールします。

```
composer global require laravel/installer
```

Laravelインストーラーをグローバルにインストールすることで、どのディレクトリからでも新しいLaravelプロジェクトを作成できるようになります。

これに従って、コマンドプロンプトから、「composer global require laravel/installer」と入力し実行します。これでLaravelをインストールできました。

■ 図3-2-8　Laravelのインストール

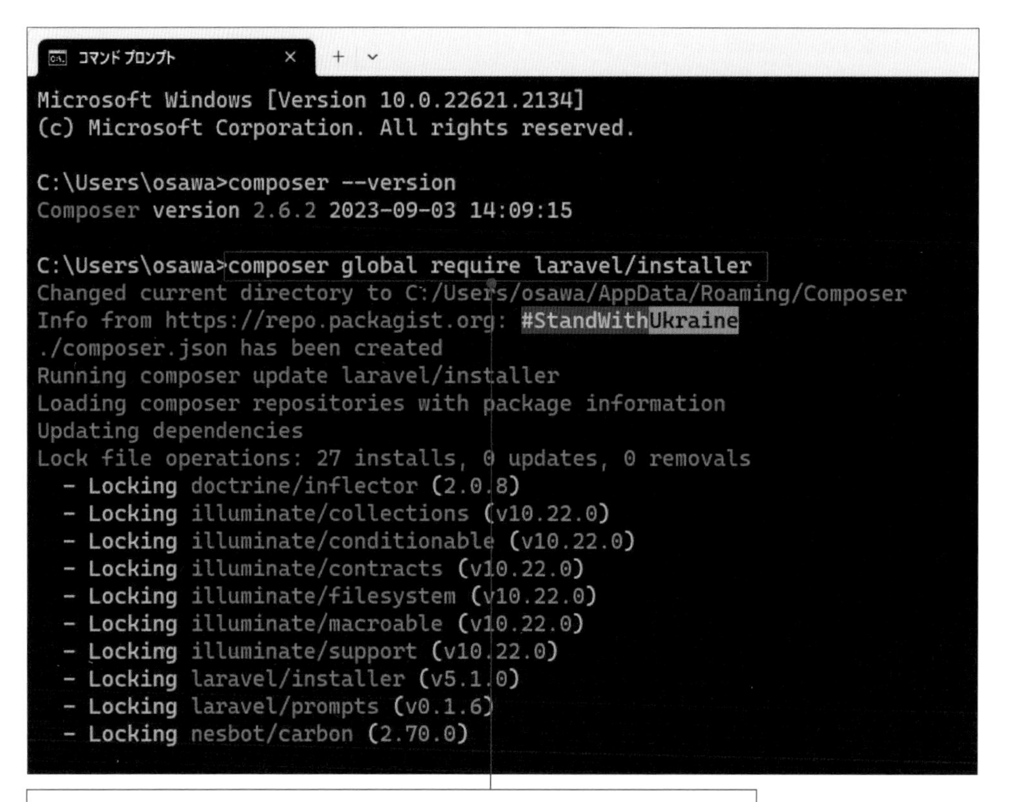

コマンド プロンプト
Microsoft Windows [Version 10.0.22621.2134]
(c) Microsoft Corporation. All rights reserved.
C:\Users\osawa>composer --version
Composer version 2.6.2 2023-09-03 14:09:15
C:\Users\osawa>composer global require laravel/installer
Changed current directory to C:/Users/osawa/AppData/Roaming/Composer
Info from https://repo.packagist.org: #StandWithUkraine
./composer.json has been created
Running composer update laravel/installer
Loading composer repositories with package information
Updating dependencies
Lock file operations: 27 installs, 0 updates, 0 removals
- Locking doctrine/inflector (2.0.8)
- Locking illuminate/collections (v10.22.0)
- Locking illuminate/conditionable (v10.22.0)
- Locking illuminate/contracts (v10.22.0)
- Locking illuminate/filesystem (v10.22.0)
- Locking illuminate/macroable (v10.22.0)
- Locking illuminate/support (v10.22.0)
- Locking laravel/installer (v5.1.0)
- Locking laravel/prompts (v0.1.6)
- Locking nesbot/carbon (2.70.0)
ChatGPTの回答に従い、「composer global require laravel/installer」と入力・実行することで、Laravelをインストールできました

3-3 ひな形のプロジェクトを作る

Laravelが準備できたところで、Webアプリを作っていきます。ひな形のプロジェクトを作って、それを改良していきます。

プロジェクトを新規作成する

プロジェクトの新規作成について、ChatGPTは、次のように応答しています。

応答例（P.54再掲）

4. 新しいLaravelプロジェクトの作成：
任意のディレクトリで 1 、新しいLaravelプロジェクトを作成します。

```
laravel new myproject
```
2

これにより、"myproject"という名前の新しいLaravelプロジェクトが作成されます。

1 2 の回答から、適当なディレクトリ（フォルダ）で、「laravel new myproject」と入力すると、myprojectというプロジェクトが作られることがわかります。やってみましょう。

まずは、エクスプローラで操作して、適当なフォルダを作ります。ここでは、C:¥exampleというフォルダを作ります。

作ったフォルダの中で右クリックして、「ターミナルで開く」をクリックすると、そのフォルダが「Windows PowerShell（以下PowerShell）」で起動し、コマンドを入力できる状態になります。

PowerShellが起動したら、そこにChatGPTが回答しているlaravelコマンドを入力します。「myproject」というのはプロジェクトの名前のようなので、ここではプロジェクトを「zaikosystem」（在庫システム）とし、「laravel new zaikosystem」と入力しましょう。

メモ

Windows PowerShellは、コマンドプロンプトと同様に、コマンドを入力して実行できるウィンドウです。

メモ

古いバージョンのWindowsでは、右クリックメニューに［ターミナルで開く］がないものもあります。その場合は､PowerShellを開き、「cd C:¥example」とコマンド入力してから進めてください。

■ 図3-3-1　exampleフォルダを作り、ターミナルで開く

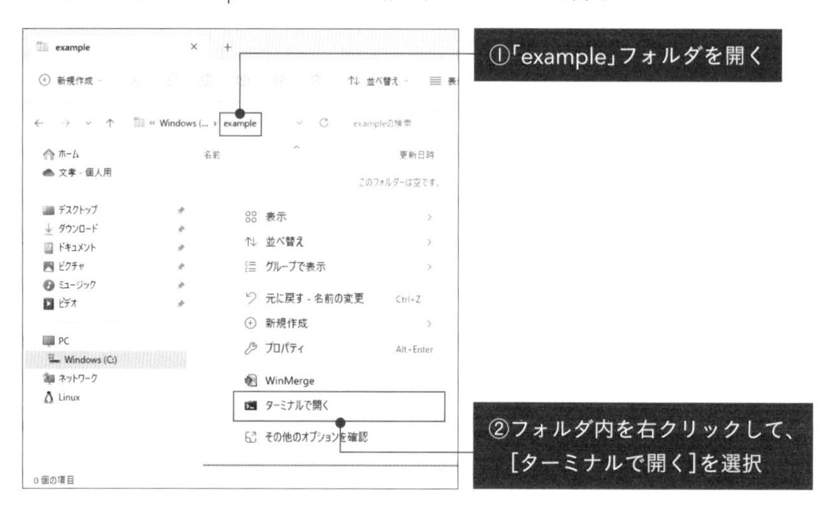

■ 図3-3-2　プロジェクトを作るコマンドを入力する

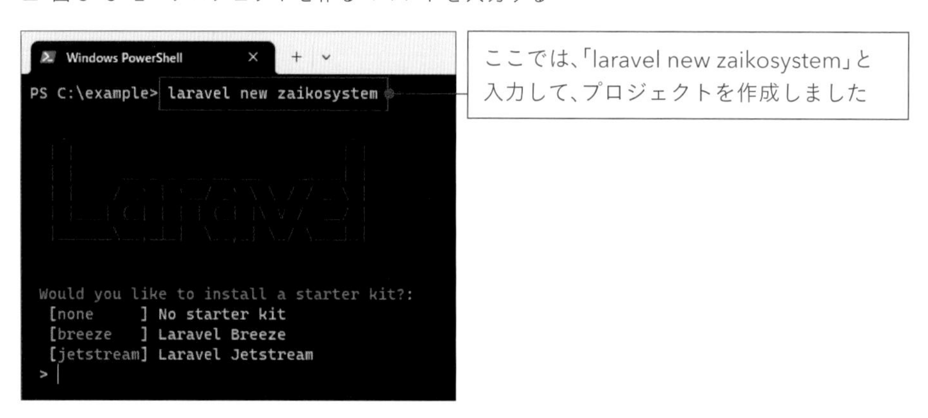

わからないオプションはChatGPTに聞く

コマンドを入力すると、「Would you like to install a starter kit?:」と聞かれてしまいまし

た。意味がよくわからないので、これもChatGPTに聞いてみましょう。

入力例

プロジェクトを作ったら、**Would you like to install a starter kitと聞かれました**1。
none、breeze、jetstreamのどれを選べばいいですか？ 2

活用アイデア

1「Would you like to install a starter kit」のように、表示されたメッセージを、そのままコピペしています。Googleなどで検索するときも、**メッセージをそのまま入力**したほうが、結果がよく見つかりますが、ChatGPTも同じです。

2「none、breeze、jetstream」のように**選択肢を列挙**することで、回答として何がほしいかを限定しています。

応答例

どのスターターキットを選ぶかは、プロジェクトのニーズと目標に応じて決定するべきです。以下は、各スターターキットの一般的な使用ケースと特徴です：

1. None（なし）:

このオプションを選択すると、スターターキットをインストールせずに、基本的なLaravelプロジェクトが作成されます。認証やフロントエンドのスキャフォールディングは含まれません。
使いどころ： プロジェクトに独自の認証やフロントエンドコードを統合する場合や、既存のプロジェクトにLaravelを統合する場合に選択します。

2. Breeze:

Breezeは、基本的な認証機能（ユーザー登録、ログイン、パスワードリセットなど）を提供するスターターキットです。シンプルで軽量な認証システムを迅速に導入できます。
使いどころ： シンプルな認証機能を備えたアプリケーションを素早く構築したい場合や、新しいプロジェクトで認証を実装する際に選択します。

3. Jetstream:

Jetstreamは、高度な認証機能やフロントエンドコードを提供するスターターキットで、LivewireまたはInertia.jsと統合されています。Jetstreamを使用すると、複雑な認証機能やダッシュボードを迅速に構築できます。
使いどころ： より高度な認証やダッシュボードを備えたアプリケーションを開発したい場合、または大規模なプロジェクトを構築する場合に選択します。

選択肢はプロジェクトの規模や要件に合わせて変わります。小規模なプロジェクトやプロトタイプの場合はBreezeが十分かもしれませんが、より大規模で複雑なプロジェクトを構築する場合はJetstreamを検討することがあります。また、必要に応じてカスタマイズや拡張ができるため、後からでもスターターキットを変更することができます。プロジェクトのニーズに合わせて選択し、プロジェクトを進化させていきましょう。

違いはわかりますが、どれを選んでいいのか、いまいちわからないですね……。もう少し質問を重ねてみましょう。

入力例

どれがよく使われていますか？

応答例

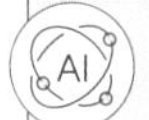

どのスターターキットが「よく使われているか」は、プロジェクトの種類や要件、開発者の好みによって異なります。一般的に、以下の傾向があります：

1. Breeze:

Breezeは、シンプルな認証機能を提供するため、小規模なプロジェクトやプロトタイプの開発に適しています。
Breezeは、軽量で迅速にスタートできるため、新しい開発者にとっても使いやすいと評価されています。1

2. Jetstream:

Jetstreamは、高度な認証機能やダッシュボードを提供し、LivewireまたはInertia.jsと統合されています。これにより、**大規模なプロジェクトや複雑なアプリケーションの開発に適しています。**2
Jetstreamは、チームでの開発やスケーラビリティが必要な場合に特に有用です。また、UIコンポーネントも提供されており、フロントエンド開発がスムーズに行えます。

どのスターターキットが「よく使われているか」は、Laravelコミュニティ内でのトレンドや個々のプロジェクトの要件によって変動します。Breezeはシンプルで軽量な認証機能を求めるプロジェクトで便利ですが、Jetstreamはより多機能で複雑なアプリケーションに適しています。選択肢はプロジェクトのニーズに合わせて決定するべきです。

最終的に、どのスターターキットを使用するかは、プロジェクトの要件、開発者のスキルセット、チームのコラボレーションニーズ、プロジェクトの予算などに依存します。プロジェクトを開始する前に、スターターキットの特徴をよく理解し、プロジェクトの目標に合った選択を行うことが大切です。

先ほどと同じことを言っているようにも見えますが、よく確認すると、**1 2の部分で、違いが明確**になっています。シンプルな場合はbreezeが、複雑な場合はjetstreamがよいようです。今回は、シンプルなもので十分なので、breezeにしましょう。「breeze」と入力します。

聞き方を変えて繰り返すと、欲しい情報にたどり着く

また、次の選択肢が表示されました。「blade」「react」「vue」「api」の選択肢があるようです。これらについても、ChatGPTに聞いてみましょう。

■ 図 3-3-3　さらに別の選択肢が表示された

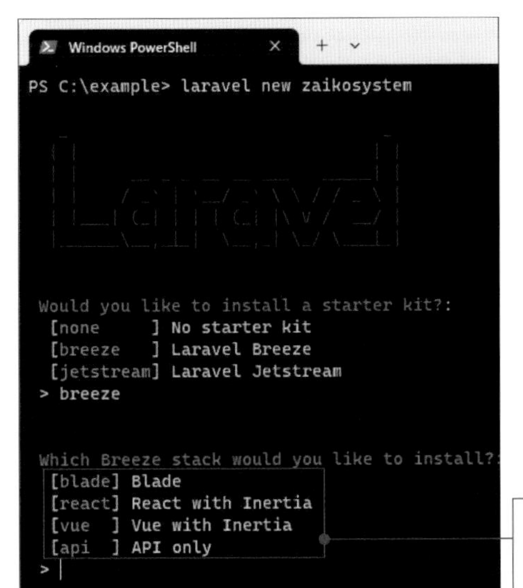

「breeze」をインストールしようとしたら、さらに4つの選択肢が表示されました

入力例

breezeを選んだら、blade、react、vue、apiの**4種が提示されました1**。どれがよいでしょうか？
今回作るのは、**シンプルなWebアプリです。2**

活用アイデア

1 選択肢が何かを明確にしています。

2 そのまま聞くと、「要件による」などと答えそうなので、前もって、「シンプルなWebアプリを作るとき」と明確化しています。

応答例

シンプルなWebアプリケーションを開発する場合、Blade、React、Vue、APIの選択は**プロジェクトの要件と開発者の快適さに依存します**❶。以下は各オプションの一般的な使いどころについてのガイドラインです：

1. Blade（デフォルト）: ❷

Bladeを選択した場合、LaravelのデフォルトテンプレートエンジンであるBladeを使用してサーバーサイドのレンダリングを行います。シンプルなWebアプリケーション向けであり、フロントエンドの複雑なコーディングが不要です。
使いどころ： **シンプルなWebアプリケーションを素早く開発したい場合**❸や、Bladeテンプレートエンジンを好む場合に選択します。

2. React:

Reactを選択した場合、クライアントサイドで動的なユーザーインターフェースを構築できます。Reactはコンポーネントベースで柔軟で、豊富なライブラリとエコシステムがあります。
使いどころ： シンプルなWebアプリケーションでも、将来的に機能拡張を行う可能性がある場合や、クライアントサイドの対話的な要素を持つアプリケーションを開発したい場合に選択します。

3. Vue:

Vue.jsもReactと同様にコンポーネントベースであり、軽量で学習しやすいです。**Vue.jsは直感的で、シンプルなWebアプリケーションの開発に適しています。**❹
使いどころ： シンプルなWebアプリケーションの開発に特に適しています。Vue.jsの学習コストが低く、素早くプロトタイプを作成できます。

4. API:

APIを選択すると、バックエンドでLaravel APIを提供し、フロントエンドは別のフレームワークやテクノロジーで構築できます。これにより、フロントエンドとバックエンドを分離して開発できます。
使いどころ： フロントエンドとバックエンドを独立して開発したい場合や、将来的にモバイルアプリや別のクライアントからも同じAPIを使用したい場合に選択します。

シンプルなWebアプリケーションを開発する場合、Blade、React、Vueのいずれを選択しても良いでしょう。**BladeはLaravelと直接統合されており、簡単に始めることができます。**❺ **ReactやVueはクライアントサイドでより豊富なインタラクティブな機能を提供しますが、それに対応する開発スキルが必要です。**❻ プロジェクトの目標と開発者のスキルに合わせて選択し、必要に応じて後で変更できることを考慮に入れてください。

❶では「プロジェクトの要件と開発者の快適さに依存します」と答えていますが、❸や❹で、シンプルなWebアプリでは、「blade」か「vue」がよいと答えています。

さらに読み進めると、❺でbladeはLaravelと直接統合されていること、❷でそれがデフォルトであることから、bladeがよさそうです。そして❻にあるように、ReactやVueは開発スキルが必要だと言われています。これを決定打とし、**ここでは「blade」を使う**ことにします。

調べながらインストールを続ける

「blade」と入力すると、「Would you like dark mode support?」と聞かれました。これもChatGPTに質問できますが、デフォルトが「no」のようなので、そのまま Enter キーを押すことにしました。その後、「Which testing framework do you prefer?:」と尋ねられましたが、ここでは「0」の「PHPUnit」としました。

最後に「Would you like to initialize a Git repository? (yes/no) [no]:」と聞かれますが、これもデフォルトのままの「no」としました。すると、ダウンロードがはじまりました。

メモ

「Which testing framework do you prefer?:」「Would you like to initialize a Git repository? (yes/no) [no]:」に対しても、もちろん、ChatGPTに聞くことができます。誌面で何度もやりとりすると冗長で読みづらくなるので、ここでは省略した次第です。

■ 図3-3-4 bladeを選択してインストールを続ける

```
Windows PowerShell
  [breeze    ] Laravel Breeze
  [jetstream] Laravel Jetstream
 > breeze


 Which Breeze stack would you like to install?:
  [blade] Blade
  [react] React with Inertia
  [vue   ] Vue with Inertia
  [api   ] API only
 > blade

 Would you like dark mode support? (yes/no) [no]:
 >

 Which testing framework do you prefer?:
  [0] PHPUnit
  [1] Pest
 > 0

 Would you like to initialize a Git repository? (yes/no) [no]:
 >

    Creating a "laravel/laravel" project at "./zaikosystem"
    Info from https://repo.packagist.org: #StandWithUkraine
Installing laravel/laravel (v10.2.6)
  - Downloading laravel/laravel (v10.2.6)
```

上記の考えのもと、質問に答えていくと、bladeダウンロードが開始されました

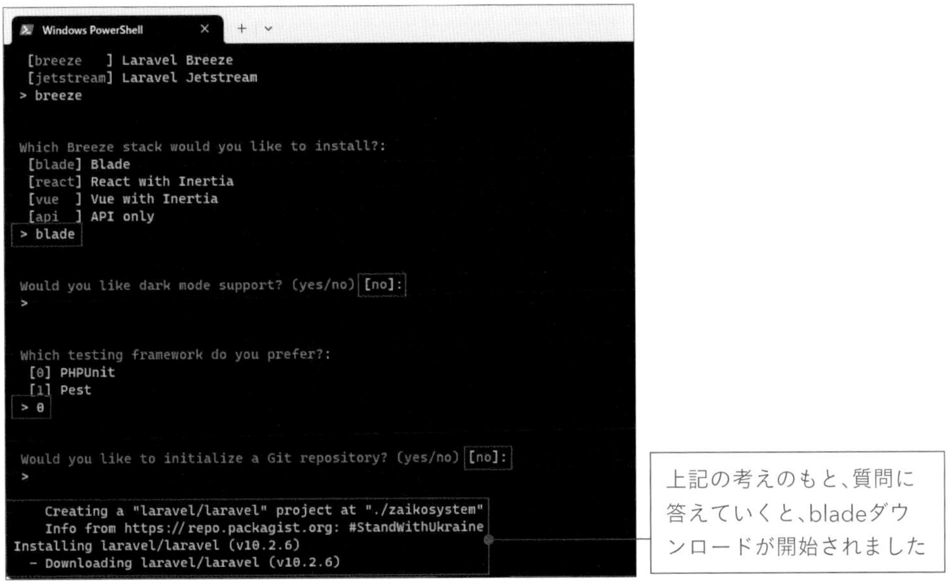

ひととおりのインストールが終わると、「Which database will your application use?」と尋ねられます。データベースとして何を使うかという意味です。ここでは、**デフォルトの「MySQL」のまま**にしておきます。

しばらく待つと、プロジェクトの作成が、完了します。エクスプローラで確認すると、**「zaikosystem」フォルダができており、たくさんのファイルが作られたことがわかります**。

作られたファイルが、プロジェクトを構成するファイル群です。以降、このファイルを編集して、在庫管理アプリを作っていきます。

■ 図3-3-5　データベースとしてMySQLを使う

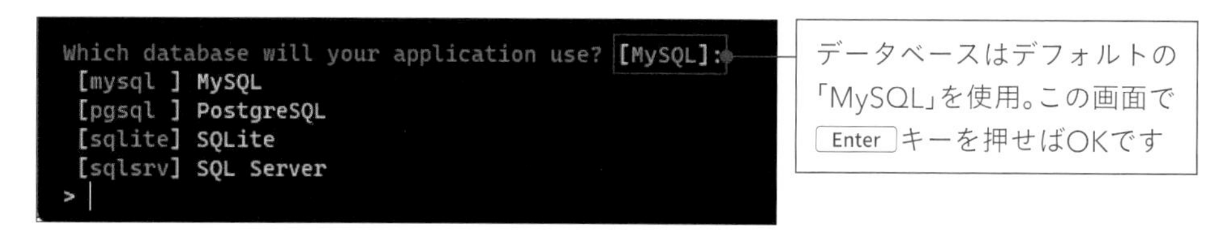

■ 図3-3-6　プロジェクトが作られた

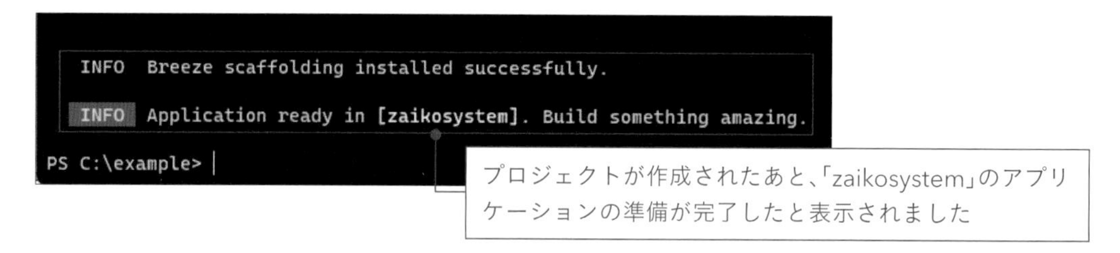

INFO Breeze scaffolding installed successfully.
INFO Application ready in [zaikosystem]. Build something amazing.
PS C:\example>
プロジェクトが作成されたあと、「zaikosystem」のアプリケーションの準備が完了したと表示されました

■ 図3-3-7　zaikosystemフォルダが作られた

Column

ChatGPT以外の方法と組み合わせる

この節でのやりとりからわかるように、ChatGPTに細部まで聞くのは手間ですし、「時と場合による」といったような、毒にも薬にもならない回答が返ってくるケースも多いです。時には、ChatGPT以外の方法も組み合わせましょう。

ここでの目的は、「Laravelでプロジェクトを作る」ことです。プロジェクトの作り方は、Laravelの入門書に書かれているのはもちろんですが、Googleで検索すれば、公式サイトや個人のブログなどにも書かれています。

プロジェクトの新規作成のような、決まりきった典型的な手順で実施できるものについては、ChatGPTに聞くのではなく、一連のやり方が書かれた書籍やウェブサイトを見たほうが早いことも多いです。

ChatGPTは、**質問に答えることは上手ですが、一連のまとまった長めの情報をわかりやすく提供するのは、少し苦手**です。ですからなんでもChatGPTを利用するのではなく、**「個別のことはChatGPTで」「誰がやっても同じような手順は書籍やGoogle検索で」というように組み合わせて使い分け**ると、時短で物事が進むことでしょう。

3-4 作られたプロジェクトを実行する

プロジェクトが作られたら、それを実行してみましょう。実行についても、ChatGPTに聞きながら進めていきます。

プロジェクトを実行する

ChatGPTは、プロジェクトの実行について、はじめに次のように教えてくれていました。1今回、プロジェクトの名前は「zaikosystem」ですから、そう置き換えて入力します。

応答例（P.55再掲）

5. ローカルサーバーの起動：
Laravelプロジェクトのルートディレクトリに移動し、ローカル開発サーバーを起動します。

```
cd myproject
php artisan serve
```
1

これにより、**http://localhost:8000 でアプリケーションにアクセスできるようになります。**2

■ 図3-4-1　プロジェクトを起動する

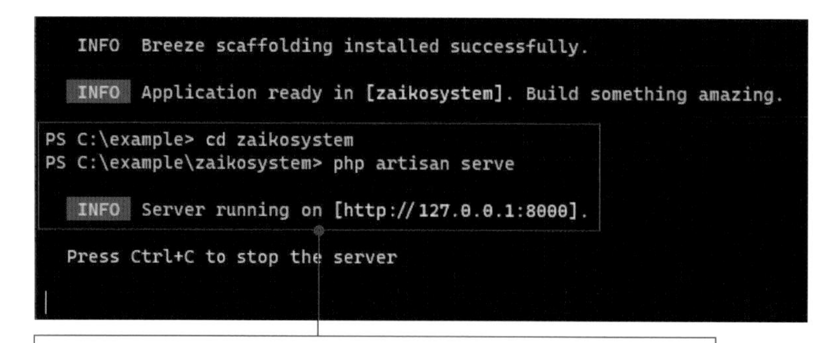

INFO Breeze scaffolding installed successfully.
INFO Application ready in [zaikosystem]. Build something amazing.
PS C:\example> cd zaikosystem
PS C:\example\zaikosystem> php artisan serve
INFO Server running on [http://127.0.0.1:8000].
Press Ctrl+C to stop the server
最初にChatGPTが教えてくれたローカルサーバーの起動方法を、本書の内容に合わせて入力したところ、サーバーが起動しました

ChatGPTは、2ブラウザで「http://localhost:8000」で接続するように答えていますから、ブラウザで接続してみましょう。

すると、作ったLaravelプロジェクトが動きました（図3-4-2）！　次章から、このプログラムを修正して、商品の在庫管理をするプログラムを作っていきます。

メモ

「php artisan serve」のコマンドで実行するやり方は、PHPに内蔵されているWebサーバー機能を使って、Laravelを実行しています。インストールしたWAMPには、WebサーバーとしてApacheがインストールされているのですが、それがまったく使われていません。さらにChatGPTに聞きながらApacheを使って実行するやり方に切り替えることもできますが、本書は、Laravelプログラミングを解説するのが趣旨ではないので、割愛します。

■ 図3-4-2　作成したLaravelプロジェクトが動いた

Chapter 4

[コードを書かずにアプリ開発②]

在庫管理システムを仕上げよう

前章では、
LaravelでWebアプリのひな形を作ってきました。
この章では、引き続きChatGPTに聞きながら
商品の在庫管理をするWebアプリを仕上げることで、
ChatGPTを活かしたプログラミングの基本を体験します。

在庫管理の機能を作る

アプリを作るときは、まず、ざっと「このようなものが作りたい」ということを聞き、全体像を把握するところから始めます。

アプリ作成のざっくりとした行程を把握する

前章で述べた通り、私たちの目的は「商品名」「商品の画像」「数量」「価格」を保存して管理できるシステムの作成です。引き続きChatGPTに、そのやり方を聞いてみましょう。念のためご注意いただきたいのですが、**この開発過程は前章の続きであるため、ChatGPTが同じ応答をするとは限らず、生成されるコードも読者のみなさんとは異なる可能性が高い**です。あくまでも、ゼロからアプリを開発する際のプロンプトの例として参考にしていただけると幸いです。

できるだけ具体的に説明するのがポイントです（第3章の続きであり、応答が変わる可能性が高いため、これ以降のサンプルの提供も割愛します）。

入力例

いま作ったLaravelプロジェクトを改良し、在庫管理システムを作ります。
入力欄として、「商品名」「商品画像」「数量」「価格」があります。1
一覧表示、新規作成、編集、削除の**機能**があります。2
データベースには、**MySQL**を使います。3
これを作る**手順を、順に教えてください**。4

活用アイデア

1 どんな**入力欄**があるのかを明示します。
2 どんな**機能**があるのかを明示します。
3 利用するデータベースなど、**環境を明示**します。
4 「順に教えてください」と記述することで、**それぞれのステップを分けて回答**することが期待できます。

応答例

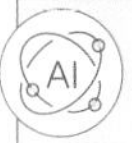

在庫管理システムをLaravelで開発する手順は次の通りです。以下に順に詳細なステップを示します。

ステップ 1: Laravelプロジェクトの作成

新しいLaravelプロジェクトを作成します。ターミナルで以下のコマンドを実行します。

```
composer create-project --prefer-dist laravel/laravel inventory-management
```

プロジェクト名（ここでは "inventory-management"）は任意の名前に変更できます。

ステップ 2: データベースの設定

MySQLデータベースを作成し、Laravelプロジェクトの .envファイルでデータベース接続設定を更新します。以下のように設定します：

```
DB_CONNECTION=mysql
DB_HOST=127.0.0.1
DB_PORT=3306
DB_DATABASE=your_database_name
DB_USERNAME=your_database_username
DB_PASSWORD=your_database_password
```

your_database_name、your_database_username、your_database_password は、MySQLデータベースの設定に合わせて変更してください。

ステップ 3: マイグレーションとモデルの作成

在庫アイテムの情報を格納するためのデータベーステーブルとモデルを作成します。ターミナルで以下のコマンドを実行します：

```
php artisan make:model Inventory -m
```

これにより、Inventory モデルとマイグレーションファイルが生成されます。
マイグレーションファイルを編集し、テーブルのカラムを定義します。例えば、以下のようになります：

```
public function up()
{
    Schema::create('inventories', function (Blueprint $table) {
        $table->id();
        $table->string('product_name');
        $table->string('product_image')->nullable();
        $table->integer('quantity');
        $table->decimal('price', 10, 2);
        $table->timestamps();
    });
}
```

ステップ 4: マイグレーションを実行

マイグレーションを実行して、データベースにテーブルを作成します。

```
php artisan migrate
```

ステップ 5: ルーティングの設定

routes/web.php ファイルを編集して、在庫管理システムの各機能に対するルートを設定します。例えば、一覧表示、新規作成、編集、削除などのルートを追加します。

ステップ 6: コントローラーの作成

コントローラーを作成し、在庫アイテムの一覧表示、新規作成、編集、削除などのアクションを定義します。以下のコマンドを使用してコントローラーを作成します：

```
php artisan make:controller InventoryController
```

ステップ 7: ビューの作成

ビューファイルを resources/views ディレクトリ内に作成し、在庫アイテムの一覧表示、新規作成、編集、削除などのビューを設計します。

ステップ 8: ルートモデルバインディングの設定

RouteServiceProvider クラスを使用して、モデルとルートをバインディングします。これにより、ルート内でモデルを自動的に取得できます。

ステップ 9: コントローラーメソッドの実装

コントローラーメソッド内で、在庫アイテムの一覧表示、新規作成、編集、削除などのロジックを実装します。ユーザーからの入力を検証し、データベースと連携してデータを処理します。

ステップ 10: フォームの作成

新規作成や編集画面にフォームを作成し、ユーザーからのデータ入力を受け付けます。

ステップ 11: ルートのグループ化とミドルウェアの設定

ルートをグループ化して、認証や認可などのミドルウェアを適用します。セキュリティを強化し、特定の操作を制限します。

ステップ 12: フロントエンドの開発

JavaScriptフレームワークやライブラリを使用して、フロントエンドの機能を実装します。例えば、フォームのバリデーションやAjaxを使用したデータの非同期送信などが含まれます。

ステップ 13: テストの作成

ユニットテストや機能テストを作成して、アプリケーションの正確性を確認します。

> 以上が、在庫管理システムをLaravelで開発する一般的な手順です。
> ── 省略 ──

なかなか長い回答です。このうち、「ステップ 1: Laravelプロジェクトの作成」は、すでに終わっています。この章では、**この回答のステップ2以降を実施**していくことで、在庫管理システムを作っていきます。

Column

Laravelを使ったWebアプリ開発の流れ

ChatGPTの回答には、Laravelの用語を前提としたところが多く、Laravelの知識がない人にとって、わかりにくい部分が多いです。そういう意味でも、ChatGPTを活用するときは、**「その分野の入門書」だけは、何か手元に置いておき、入門書も一緒に参考にしながら進めていくことをおすすめします**。

Laravelの知識がない人のために、以下、簡単に概要を説明します。下記の内容がわかれば、ひとまず本書の流れに、ついてこられるはずです。

ビュー

Laravelは、Webの画面を作り、そこに入力フォームを設けてデータ入力したり、すでに格納されているデータなどを表示したりする方法でUIを作ります。このUIは、HTMLに類した書式で、ひな形として作ります。これを「ビュー(View)」と呼びます。ファイル名は、用途に応じて、「index.blade.php」(一覧)や「create.blade.php」(新規作成)などのように命名するのが慣例です。

コントローラー

フォームに入力されたデータをどのように処理するのか、どんなデータを表示するのかなどの処理は、「コントローラー(Controller)」というプログラムに書きます。ファイル名の末尾は「Controller」にするのが慣例です。

コントローラーのなかには、「一覧の処理」「新規作成の処理」「編集の処理」「削除の処理」など、それぞれの処理を「メソッド」と呼ばれるプログラムの単位で記述します。メソッドの処理では、ユーザーに画面を表示するために、前述のビューを使います。

モデル

データはデータベースにテーブルとして保存されます。テーブル上のデータをプログラムとして表現するため「モデル (Model)」というプログラムを作ります。「どのような列 (カラム) があるのか」「他のどこかのテーブルと関連付けられているか」などを定義したもので、テーブルと1対1で対応します。

ルーティング

ユーザーは、Laravelで作ったシステムに対して、ブラウザから「http://example.jp/」などのURLにアクセスします。

システムでは、在庫の一覧なら「http://example.jp/inventories」、新規作成なら「http://example.jp/ inventories/create」、既存の編集なら「http://example.jp/ inventories/商品番号」などのように、1つの操作に1つのURLを割り当てるように作っておきます。そして、このURLとコントローラー内のメソッドを結びつけるための「ルーティング」を定義します。ルーティングは通常、web.phpというファイルです。

■ 図4-1-1 Laravelのシステム構造

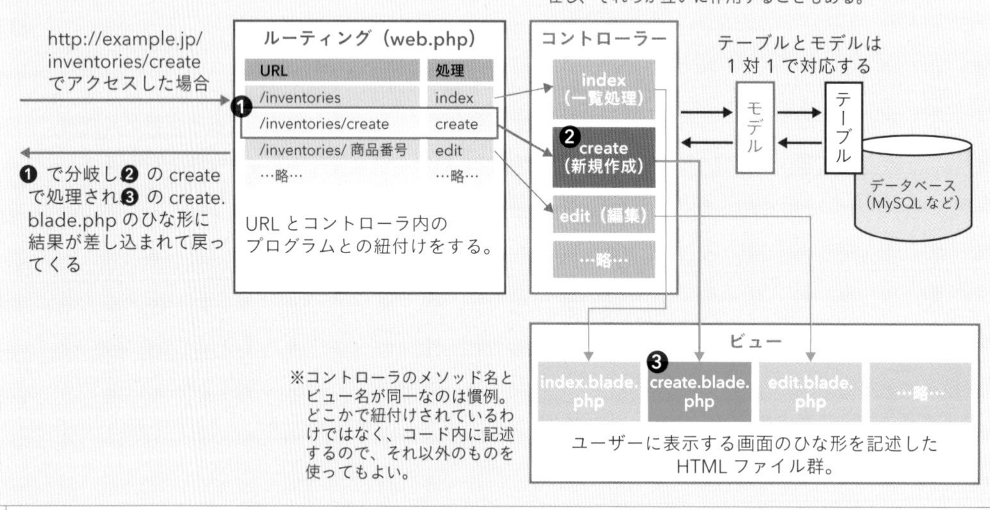

※本書では、モデルやテーブル、コントローラは1つしか扱わないが、実際の複雑なWebシステムでは、複数存在し、それらが互いに作用することもある。
http://example.jp/inventories/create でアクセスした場合
ルーティング（web.php）
URL
処理
/inventories
index
/inventories/create
create
/inventories/ 商品番号
edit
…略…
…略…
URLとコントローラ内のプログラムとの紐付けをする。
❶で分岐し❷のcreateで処理され❸のcreate.blade.phpのひな形に結果が差し込まれて戻ってくる
コントローラー
index（一覧処理）
create（新規作成）
edit（編集）
…略…
テーブルとモデルは1対1で対応する
モデル
テーブル
データベース（MySQLなど）
ビュー
index.blade.php
create.blade.php
edit.blade.php
…略…
ユーザーに表示する画面のひな形を記述したHTMLファイル群。
※コントローラのメソッド名とビュー名が同一なのは慣例。どこかで紐付けされているわけではなく、コード内に記述するので、それ以外のものを使ってもよい。

データベースの準備

まずは、在庫情報を保存するデータベースを作ります。ChatGPTに聞きながら、MySQLを操作して、作っていきます。

データベースの作成

在庫管理システムを作るには、それを保存する**データベース**が必要です。ChatGPTの回答の次の部分に相当する操作です。

応答例（P.81再掲）

ステップ 2: データベースの設定
MySQLデータベースを作成し❶、Laravelプロジェクトの.envファイルでデータベース接続設定を更新します。以下のように設定します：
── 省略 ──

ステップ 3: マイグレーションとモデルの作成
在庫アイテムの情報を格納するためのデータベーステーブルとモデルを作成します。ターミナルで以下のコマンドを実行します：
── 省略 ──

ステップ 4: マイグレーションを実行
マイグレーションを実行して、データベースにテーブルを作成します。
── 省略 ──

■ データベースを作成する方法を聞く

この回答の❶の部分で、ChatGPTは、さらりと「**MySQLデータベースを作成し**」と回答していますが、そもそもMySQLデータベースの作成方法がわかりません。

私たちは、いまWAMPを使っており、MySQLをインストール済みです。ここに新しいデータベースを作る方法を聞いてみましょう。

入力例

WAMP❶でMySQLをインストールしています。
この**MySQLに、新しいデータベースを作る方法**❷を教えてください。
データベースの**名前は「zaikodb」**❸にしてください。

活用アイデア

❶ WAMPという環境であることを明示します。
❷ 何をしたいのかを明示します。
❸ 名称などの条件を明示します。

応答例

WAMP環境でMySQLに新しいデータベースを作成するには、以下の手順を実行します：
WAMPサーバーを起動し、MySQLサーバーが実行されていることを確認します。WAMPのアイコンを右クリックし、**"MySQL" -> "MySQL Console" を選択してMySQLコンソールを開きます**❹。
MySQLコンソールが起動したら、以下のコマンドを実行して新しいデータベース「zaikodb」を作成します。

```
CREATE DATABASE zaikodb;
```

このコマンドでデータベースが作成されます。
データベースが正常に作成されたかどうかを確認するために、次のコマンドを実行して**データベース一覧を表示します**❺。

```
SHOW DATABASES;
```

これで「zaikodb」が一覧に表示されるはずです。
── 省略 ──

■ MySQLコンソールでデータベースを作る

❹の回答から、WAMPのアイコンを右クリックして"MySQL" -> "MySQL Console" を選択してMySQL Consoleを開けばよいことがわかりました。実際に開いてみましょう。

■ 図4-2-1　MySQL Consoleを起動する

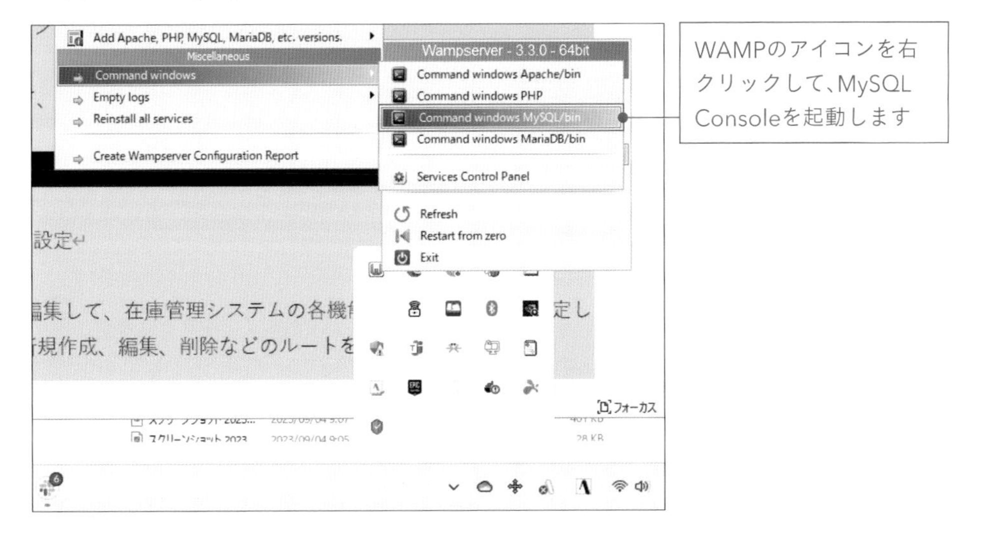

MySQL Consoleを開いたら、指示通りに「CREATE DATABASE zaikodb;」と入力します。が、残念ながら、エラーが表示されて実行できません。

■ 図4-2-2　エラーが表示された

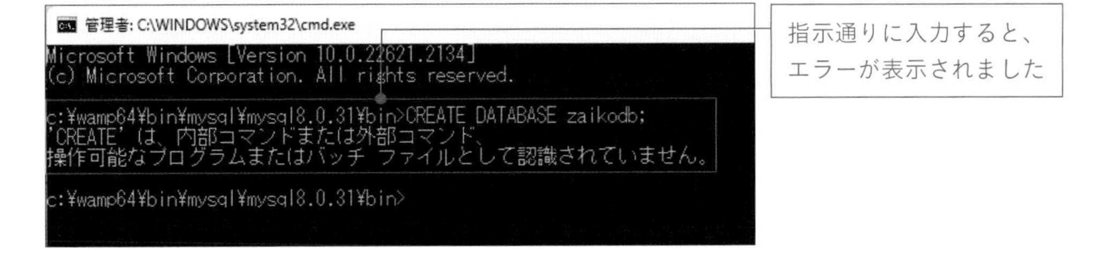

実は原因は、先に「mysql」コマンドを実行する必要がある、という手順が抜けているためです。**ChatGPTでは、いくつかの手順が抜けたり、間違った手順が示されたりすることがあります**。もちろん、ChatGPTに再度質問することも1つの手段ですが、下記のように適切な回答が得られるとは限らず、堂々巡りすることもあります。

そんなときは、無理にChatGPTから回答を引き出すのではなく、**Google検索など、別の方法で解決方法を探すほうが早い**です。

入力例

次のようなエラーが表示されました。修正する方法を教えてください。

```1
'CREATE' は、内部コマンドまたは外部コマンド、
操作可能なプログラムまたはバッチ ファイルとして認識されていません。
```

活用アイデア

1 エラーメッセージを、そのまま貼り付けて聞いています。**全体を「```」で囲んで、本文とは違う、引用であることを示しています**。

応答例

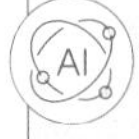

エラーメッセージ "CREATE" は、Windowsコマンドプロンプトでコマンドが認識されないことを示しています。このエラーは通常、Windowsのコマンドパスに設定されていないか、コマンドが存在しない場合に発生します。

このエラーを解決するために、以下の手順を試してみてください：

1. PATH環境変数の確認：
── 省略 ──
2. 環境変数の再起動：
── 省略 ──
3. パスの設定：
── 省略 ──

上記の手順を試しても問題が解決しない場合、詳細なエラーメッセージや状況に応じて、WAMPのコミュニティやサポートフォーラムで質問することをお勧めします。また、エラーメッセージの文脈や発生する具体的な状況に関する情報を提供することも重要です。

というわけで、この問題はChatGPTでは解決しそうもないので、自力でGoogle検索するなりし、**はじめに「mysql」を実行してからコマンド入力する**ということがわかった、という状況を前提に話を進めます。

mysqlコマンドでは、「-u」オプションを指定して、ログインするユーザー名も指定しなければなりません。WAMPでは「root」というユーザーが作られているので、それを指定します（この情報は、著者がGoogleで調べました）。

メモ

こうした情報は、Laravelの入門書に書かれている事項です。この流れからわかるように、「入門書＋ChatGPT」という組み合わせが効率的で、さすがになんでもChatGPTのみで解決できるというわけではありません。またGoogleで検索するなど、自力で解決できる力も少し必要です。

具体的には、次のコマンドを入力します。

```
mysql -u root
```

そしてそのあとに、次のコマンドを入力します。

```
CREATE DATABASE zaikodb;
```

今度は、うまくいったようです。ChatGPTの回答では、次のように「SHOW DATABASES」で確認できるとありますから、それも実行して、作られたことを確認しておきましょう。

応答例 (P.86再掲)

データベースが正常に作成されたかどうかを確認するために、次のコマンドを実行してデータベース一覧を表示します5。

```
SHOW DATABASES;
```

これで「zaikodb」が一覧に表示されるはずです。

■ 図4-2-3　データベースを作成する

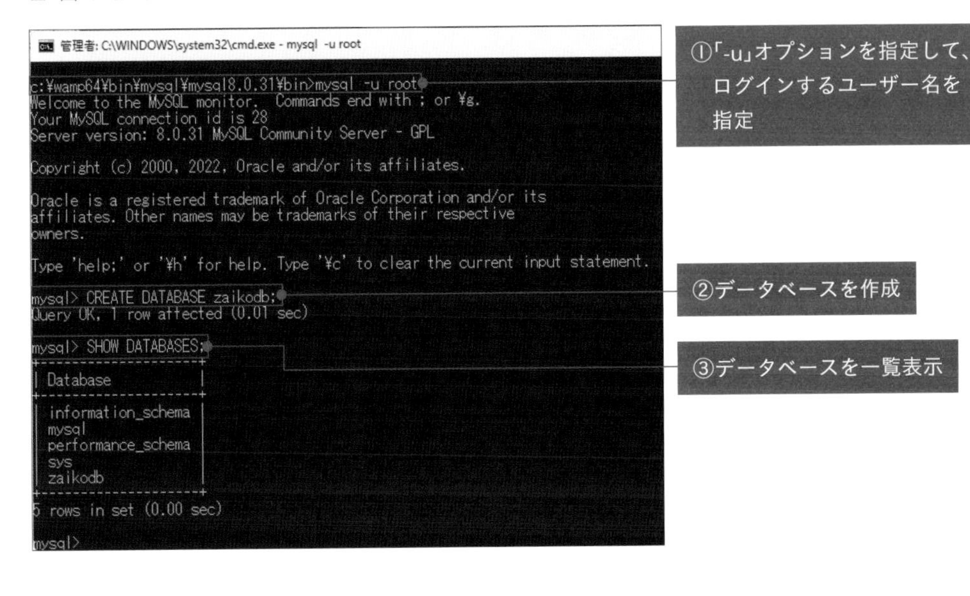

データベースの操作が終わったら、mysqlコマンドを終了します。終了するには、「¥q」と入力します。

```
¥q
```

以上で作業は完了です。右上の[×]をクリックして、MySQL Consoleを閉じてかまいません。

データベースの設定

これでデータベース「zaikodb」が作成できました。これを**Laravelプロジェクトの.envファイルに設定**します。

応答例（P.81再掲）

ステップ 2: データベースの設定

MySQLデータベースを作成し、**Laravelプロジェクトの .envファイル**1でデータベース接続設定を更新します。以下のように設定します：

```
DB_CONNECTION=mysql
DB_HOST=127.0.0.1
DB_PORT=3306
DB_DATABASE=your_database_name
DB_USERNAME=your_database_username
DB_PASSWORD=your_database_password
```

your_database_name、your_database_username、your_database_password は、**MySQLデータベースの設定に合わせて変更してください。**2

作成したzaikosystemプロジェクトのフォルダを見ると、1**確かに「.env」というファイル**があります。このファイルをテキストエディタで開くと、次の該当箇所があります。

■ 図4-2-4　.envファイルをテキストエディタで開く

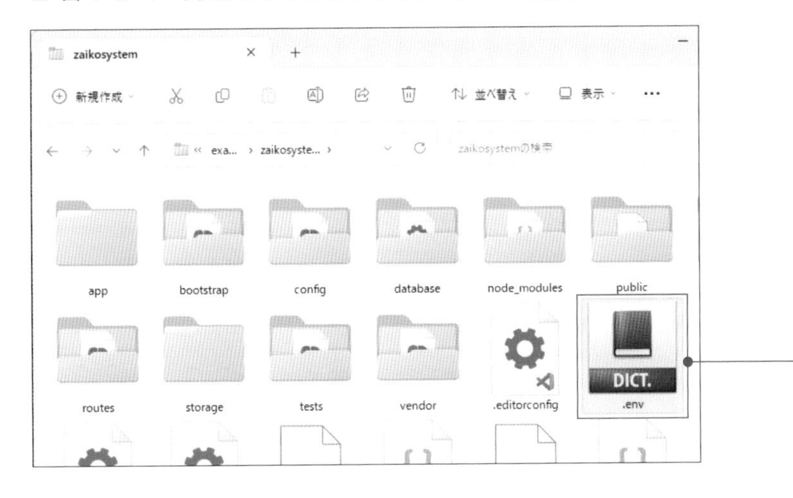

■ 図4-2-5　テキストエディタで開いたところ

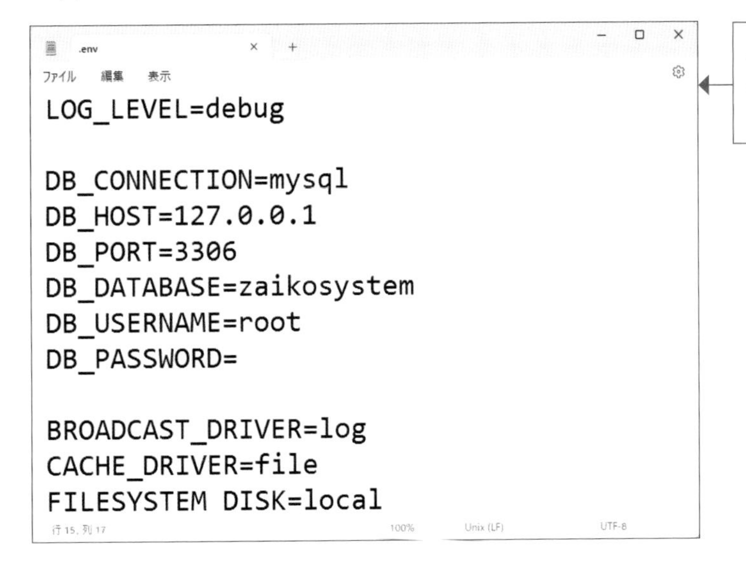

.envファイルをテキストエディタで開くと、このように表示されました

2 これをChatGPTが回答しているように修正します。

DB_DATABASEは、データベース名です。zaikodbという名前のデータベースとして作成したので、次のように修正して、保存します。

【変更前】

```
DB_DATABASE=zaikosystem
```

【変更後】

```
DB_DATABASE=zaikodb
```

在庫管理のテーブルを作る

続いて、マイグレーションとモデルの作成、そして、マイグレーションの実行をします。

■ マイグレーションとモデルの作成

まずは、マイグレーションとモデルの作成からです。ChatGPTは、次のように回答していました。

応答例（P.81再掲）

ステップ 3: マイグレーションとモデルの作成

在庫アイテムの情報を格納するためのデータベーステーブルとモデルを作成します。ターミナルで以下のコマンドを実行します：

```
php artisan make:model Inventory -m
```

これにより、Inventory モデルとマイグレーションファイルが生成されます。

このコマンドを、実際に入力して実行します。このコマンドは、プロジェクトのフォルダをカレントフォルダにして実行する必要があります。まずは、zaikosystemフォルダを右クリックして、［ターミナルで開く］を選択して、PowerShellを起動します。

そして、ChatGPTで言われた通り、次のように入力します。

```
php artisan make:model Inventory -m
```

すると、次のように表示され、databaseフォルダの下のmigrationsフォルダの下に、「2023_09_12_160622_create_inventories_table.php」というファイルが作られたようです。

■ 図4-2-6　PowerShellを起動

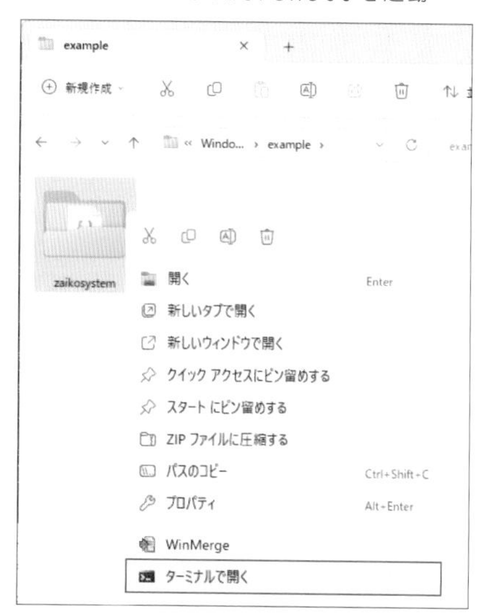

```
Migration
[C:¥example¥zaikosystem¥database¥migrations/2023_09_12_160622_
create_inventories_table.php] created successfully.
```

メモ

Windowsでは、フォントによって「¥」が「\」と表示されることがあります。そのため、ChatGPTやPowerShell内では、ファイルパスが「\」と表示されることがありますが、「¥」と同じ意味です。入力時に、日本語キーボードを使っているのであれば、パスには半角で「¥」と入力しましょう。

メモ

ファイル名には、実行した日時が入ります。そのため、実行した日時によって作られるファイル名が異なります。

■ 図 4-2-7 マイグレーションファイルを作成する

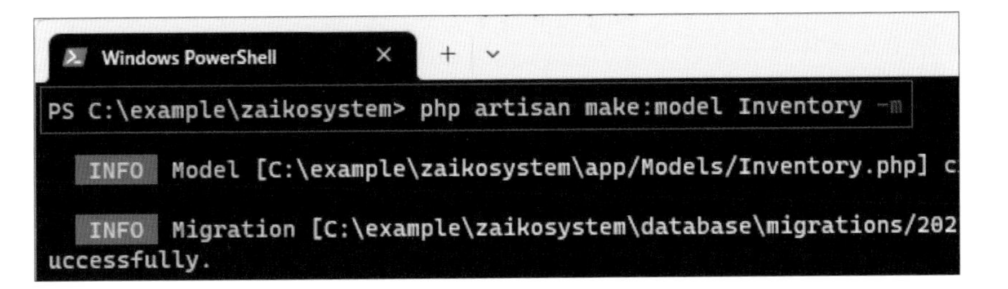
Windows PowerShell
PS C:\example\zaikosystem> php artisan make:model Inventory -m
INFO Model [C:\example\zaikosystem\app/Models/Inventory.php] c
INFO Migration [C:\example\zaikosystem\database\migrations/202
uccessfully.

■ マイグレーションファイルの編集

続いて、こうして作られたマイグレーションファイルを編集します。ChatGPTは、次のように回答しています。

応答例（P.81再掲）

マイグレーションファイルを編集し、テーブルのカラムを定義します。例えば、以下のようになります：

```
public function up()
{
    Schema::create('inventories', function (Blueprint $table) {
        $table->id();
        $table->string('product_name');
        $table->string('product_image')->nullable();
        $table->integer('quantity');
        $table->decimal('price', 10, 2);
        $table->timestamps();
    });
}
```

エクスプローラで確認すると、database¥migrationsフォルダのなかに「2023_09_12_160622_create_inventories_table.php」ファイルがあります。これをテキストエディタで開いてみます。

■ 図4-2-8　databases¥migrationsフォルダの中身

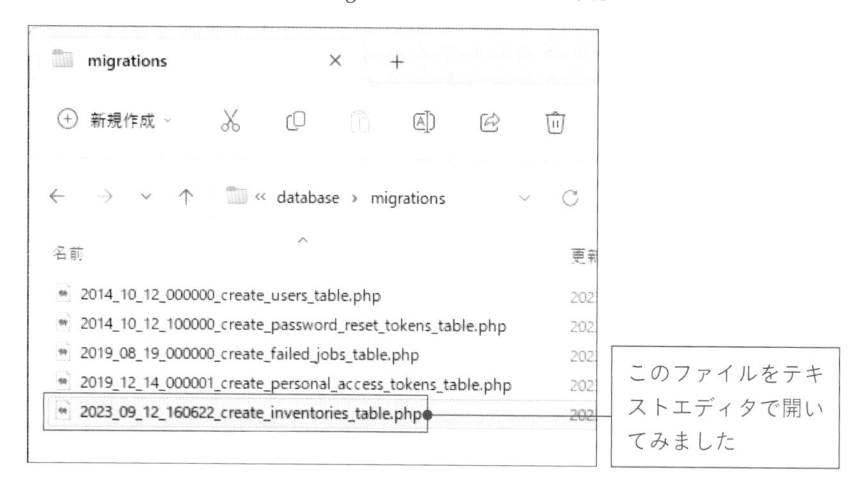

■ 図4-2-9　テキストエディタで開いたところ

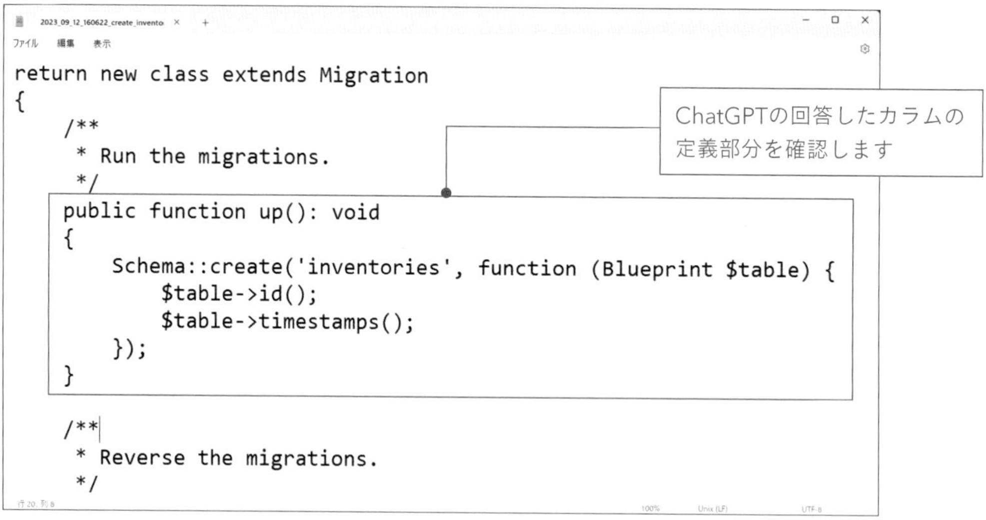

```
return new class extends Migration
{
    /**
     * Run the migrations.
     */
    public function up(): void
    {
        Schema::create('inventories', function (Blueprint $table) {
            $table->id();
            $table->timestamps();
        });
    }

    /**
     * Reverse the migrations.
     */
```

ChatGPTの回答したカラムの定義部分を確認します

中身を確認すると、「public function up…」と書かれている箇所があるので、これをChatGPTが提示しているように修正して、保存します。

【修正前】

```
public function up(): void
{
    Schema::create('inventories', function (Blueprint $table) {
        $table->id();
        $table->timestamps();
    });
}
```

【修正後】

```
public function up()
{
    Schema::create('inventories', function (Blueprint $table) {
        $table->id();
        $table->string('product_name');
        $table->string('product_image')->nullable();
        $table->integer('quantity');
        $table->decimal('price', 10, 2);
        $table->timestamps();
    });
}
```

ChatGPTの回答を参考に、新たに追加したコード

■ マイグレーションの実行

こうして修正したプログラムは、**データベースのテーブルを作り、そのテーブルに保存する項目（列）を定義**するものです。

ここでidに続き、product_name、product_image、quantity、priceという列を定義します。このプログラムを実行することで、実際にテーブルが作られます。

メモ

product_name、product_imageなどの列が存在するのは、「4-1　在庫管理システムを作ろう」で、ChatGPTに対して、「入力欄として、「商品名」「商品画像」「数量」「価格」があります。」と提示したからです。ChatGPTは回答として、こうした列に対応するテーブル定義を提案してきています。もし他にも入力欄を提示していれば、それらも、この定義のなかに含んだ回答をしてきます。

実行方法について、ChatGPTは、次のように回答しています。

応答例（P.82再掲）

ステップ 4: マイグレーションを実行

マイグレーションを実行して、データベースにテーブルを作成します。

```
php artisan migrate
```

これをコマンドとして実行しましょう。すでに開いているPowerShellから入力します。しかし実行すると、エラーが発生します。

■ 図4-2-10　マイグレーションを実行すると、エラーが発生する

これは実は、WAMPに起因する問題です。Googleで調べると、config/database.phpに、次のように記述すると改善するという情報が見つかります（https://stackoverflow.com/questions/62062132/laravel-1071-specified-key-was-too-long-max-key-length-is-1000-bytes）。

```
use Illuminate¥Support¥Str;

return [
    'default' => env('DB_CONNECTION', 'mysql'),
    'connections' => [
```

```
        'mysql' => [
            ...
            'engine' => 'InnoDB',   新たに追加したコード
            ...
        ]
    ]
]
```

実際にconfigフォルダのdatabase.phpをテキストエディタで開いて、次のように修正して保存します。

【修正前】

```
        'mysql' => [
            'driver' => 'mysql',
            'url' => env('DATABASE_URL'),
            'host' => env('DB_HOST', '127.0.0.1'),
            'port' => env('DB_PORT', '3306'),
            'database' => env('DB_DATABASE', 'forge'),
            'username' => env('DB_USERNAME', 'forge'),
            'password' => env('DB_PASSWORD', ''),
            'unix_socket' => env('DB_SOCKET', ''),
            'charset' => 'utf8mb4',
            'collation' => 'utf8mb4_unicode_ci',
            'prefix' => '',
            'prefix_indexes' => true,
            'strict' => true,
            'engine' => null,
── 省略 ──
```

【修正後】

```
        'mysql' => [
            'driver' => 'mysql',
            'url' => env('DATABASE_URL'),
```

```
            'host' => env('DB_HOST', '127.0.0.1'),
            'port' => env('DB_PORT', '3306'),
            'database' => env('DB_DATABASE', 'forge'),
            'username' => env('DB_USERNAME', 'forge'),
            'password' => env('DB_PASSWORD', ''),
            'unix_socket' => env('DB_SOCKET', ''),
            'charset' => 'utf8mb4',
            'collation' => 'utf8mb4_unicode_ci',
            'prefix' => '',
            'prefix_indexes' => true,
            'strict' => true,
            'engine' => 'InnoDB',
── 省略 ──
```

新たに追加したコード

そして、再度、マイグレーションを実行します。もう一度実行するため、「php artisan migrate:fresh」のように「: fresh」を付けて実行します。今度は実行できました。

これでテーブルに関する部分は完了です。

■ 図4-2-11　マイグレーションが完了した

```
PS C:\example\zaikosystem> php artisan migrate:fresh

  Dropping all tables ................................................ 21ms DONE

  INFO  Preparing database.

  Creating migration table ........................................... 9ms DONE

  INFO  Running migrations.

  2014_10_12_000000_create_users_table ............................... 16ms DONE
  2014_10_12_100000_create_password_reset_tokens_table ............... 21ms DONE
  2019_08_19_000000_create_failed_jobs_table ......................... 53ms DONE
  2019_12_14_000001_create_personal_access_tokens_table .............. 21ms DONE
  2023_09_12_160622_create_inventories_table ......................... 7ms DONE

PS C:\example\zaikosystem> |
```

「php artisan migrate:fresh」を実行すると、マイグレーションが完了しました

Column

作成したテーブルを確認する

作成したテーブルを確認するには、mysqlコマンドを使って、次のように操作します。

[1]mysqlコマンドを実行する

MySQL Consoleを起動し、次のコマンドを入力します。zaikodbデータベースを操作するので、末尾に「zaikodb」と入力する点に注意してください。

```
mysql -u root zaikodb
```

[2] テーブル一覧を表示する

「show tables」と入力すると、テーブルの一覧が表示されます。実行すると、inventoriesテーブルが作られていることがわかります。

メモ

inventoriesテーブル以外は、すでに作られているデフォルトのテーブルです。

```
SHOW TABLES;
```

```
+------------------------+
| Tables_in_zaikodb      |
+------------------------+
| failed_jobs            |
| inventories            |
| migrations             |
| password_reset_tokens  |
| personal_access_tokens |
| users                  |
+------------------------+
6 rows in set (0.02 sec)
```

[3] テーブルの列を確認する

「SHOW COLUMNS FROM テーブル名;」と入力すると、そのテーブルで定義されている列の一覧を参照できます。マイグレーションファイルに記述した列が存在するのがわかります。

```
SHOW COLUMNS FROM inventories;
```

```
+--------------+-----------------+------+-----+---------+----------------+
| Field        | Type            | Null | Key | Default | Extra          |
+--------------+-----------------+------+-----+---------+----------------+
| id           | bigint unsigned | NO   | PRI | NULL    | auto_increment |
```

```
| product_name  | varchar(255)    | NO   |     | NULL    |                |
| product_image | varchar(255)    | YES  |     | NULL    |                |
| quantity      | int             | NO   |     | NULL    |                |
| price         | decimal(10,2)   | NO   |     | NULL    |                |
| created_at    | timestamp       | YES  |     | NULL    |                |
| updated_at    | timestamp       | YES  |     | NULL    |                |
+---------------+-----------------+------+-----+---------+----------------+
7 rows in set (0.01 sec)
```

確認したら、「¥q」と入力して、mysqlコマンドを終了してください。

```
¥q
```

■ 図4-2-12　作られたinventoriesテーブルを確認する

```
管理者: C:\WINDOWS\system32\cmd.exe
c:¥wamp64¥bin¥mysql¥mysql8.0.31¥bin>mysql -u root zaikodb
Welcome to the MySQL monitor.  Commands end with ; or ¥g.
Your MySQL connection id is 10
Server version: 8.0.31 MySQL Community Server - GPL

Copyright (c) 2000, 2022, Oracle and/or its affiliates.

Oracle is a registered trademark of Oracle Corporation and/or its
affiliates. Other names may be trademarks of their respective
owners.

Type 'help;' or '¥h' for help. Type '¥c' to clear the current input statement.

mysql> SHOW TABLES;
+------------------------+
| Tables_in_zaikodb      |
+------------------------+
| failed_jobs            |
| inventories            |
| migrations             |
| password_reset_tokens  |
| personal_access_tokens |
| users                  |
+------------------------+
6 rows in set (0.02 sec)

mysql> SHOW COLUMNS FROM inventories;
+---------------+-----------------+------+-----+---------+----------------+
| Field         | Type            | Null | Key | Default | Extra          |
+---------------+-----------------+------+-----+---------+----------------+
| id            | bigint unsigned | NO   | PRI | NULL    | auto_increment |
| product_name  | varchar(255)    | NO   |     | NULL    |                |
| product_image | varchar(255)    | YES  |     | NULL    |                |
| quantity      | int             | NO   |     | NULL    |                |
| price         | decimal(10,2)   | NO   |     | NULL    |                |
| created_at    | timestamp       | YES  |     | NULL    |                |
| updated_at    | timestamp       | YES  |     | NULL    |                |
+---------------+-----------------+------+-----+---------+----------------+
7 rows in set (0.01 sec)

mysql> ¥q
Bye

c:¥wamp64¥bin¥mysql¥mysql8.0.31¥bin>
```

UIを作る

テーブルができたら、UI（ユーザーインターフェース）の部分をひとつずつ作っていきます。ルーティング、コントローラー、ビューの順で作ります。

ルーティングの設定

引き続き在庫管理アプリを作っていきます。ChatGPTは、次のように回答しています。

応答例（P.82再掲）

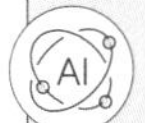

ステップ 5: ルーティングの設定

routes/web.php ファイルを編集して、在庫管理システムの各機能に対するルートを設定します。例えば、一覧表示、新規作成、編集、削除などのルートを追加します。

しかし、この回答ではよくわからないので、ルーティングの設定について、もう少し聞いてみましょう。

入力例

先ほど、次のように回答をもらいましたが、よくわかりません。**具体的に教えてください**❶。

```
ステップ 5: ルーティングの設定

routes/web.php ファイルを編集して、在庫管理システムの各機能に対するルートを設定します。
例えば、一覧表示、新規作成、編集、削除などのルートを追加します。
```❷

**活用アイデア**

❶ 具体的に教えてほしいことを告げています。

❷ 前回の回答を引用形式で記述しています。

**応答例**

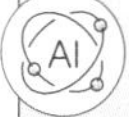

Laravelで在庫管理のUIを作成するためには、まずアプリケーションのルーティングを設定する必要があります。ルーティングは、特定のURLに対してどのコントローラーメソッドを実行するかを定義します。以下に、具体的なステップとコード例を示します。

ステップ 5: ルーティングの設定

1. Laravelの**ルーティングは routes/web.php ファイルで設定します**3。このファイルを開き、在庫管理に関連する**ルートを定義します**4。

```
use Illuminate¥Support¥Facades¥Route;

Route::get('/inventories', 'InventoryController@index')-
>name('inventories.index');
Route::get('/inventories/create', 'InventoryController@create')-
>name('inventories.create');
Route::post('/inventories', 'InventoryController@store')-
>name('inventories.store');
Route::get('/inventories/{inventory}', 'InventoryController@show')-
>name('inventories.show');
Route::get('/inventories/{inventory}/edit', 'InventoryController@
edit')->name('inventories.edit');
Route::put('/inventories/{inventory}', 'InventoryController@
update')->name('inventories.update');
Route::delete('/inventories/{inventory}', 'InventoryController@
destroy')->name('inventories.destroy');
```

上記のコードでは、以下のルートを設定しています：

/inventories: 在庫アイテムの一覧を表示するためのルート。
/inventories/create: 新しい在庫アイテムを作成するためのルート。
/inventories/{inventory}: 特定の在庫アイテムの詳細表示や編集、削除のためのルート。
{inventory} は在庫アイテムのIDを表します。
── 省略 ──

回答の3 4から、具体的な方法がわかりました。**routes/web.phpファイルを開いて、編集すればよい**のですね！ テキストエディタで開いて編集しましょう。図4-3-1のように、冒頭のところにコピー&ペーストして保存します。

■ 図4-3-1　routes/web.phpファイルにルート情報を記述する

```
<?php

use App\Http\Controllers\ProfileController;
use Illuminate\Support\Facades\Route;

Route::get('/inventories', 'InventoryController@index')->name('inventories.index');
Route::get('/inventories/create', 'InventoryController@create')->
name('inventories.create');
Route::post('/inventories', 'InventoryController@store')->name('inventories.store');
Route::get('/inventories/{inventory}', 'InventoryController@show')->
name('inventories.show');
Route::get('/inventories/{inventory}/edit', 'InventoryController@edit')->
name('inventories.edit');
Route::put('/inventories/{inventory}', 'InventoryController@update')->
name('inventories.update');
Route::delete('/inventories/{inventory}', 'InventoryController@destroy')->
name('inventories.destroy');

/*
|--------------------------------------------------------------------
```

ChatGPTの定義を貼り付けて保存しました

コントローラーの作成

次に、コントローラーを作成します。ChatGPTは、次のように教えてくれています。

応答例（P.82再掲）

ステップ 6: コントローラーの作成

コントローラーを作成し、在庫アイテムの一覧表示、新規作成、編集、削除などのアクションを定義します。以下のコマンドを使用してコントローラーを作成します：

```
php artisan make:controller InventoryController
```

コマンドがそのまま提示されているので、これを信じて、PowerShellから実行しましょう。

メモ

ステップ5とステップ6とはつながっている点に注意してください。ルーティングの設定では、「Route::get('/inventories', 'InventoryController@index')->name('inventories.index');」といったコードがありますが、この「InventoryController」とは、いま「php artisan make:controller InventoryController」で指定した名称と合致しなければなりません。ChatGPTでひとつのセッションで聞いた場合は、前後関係を加味して回答するので、このように整合性がとれている可能性がありますが、そうでないこともあります。**名前が違うかどうかなどを確認するのは、私たち人間の仕事**です。間違っているなら、「いまのコードの名前を○○に変更してください」などと修正したものを再回答させましょう。

■ 図 4-3-2　コントローラーの作成

```
PS C:\example\zaikosystem> php artisan make:controller InventoryController

  INFO  Controller [C:\example\zaikosystem\app/Http/Controllers/InventoryController.php]

PS C:\example\zaikosystem> |
```

ChatGPTが回答したコマンドを実行すると、コントローラーが作成されました

ビューの作成

最後に、ビューを作成します。ビューとは、UIのHTMLの部分のことです。ChatGPTの回答は、以下の通りです。

応答例（P.82再掲）

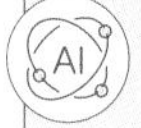

ステップ 7: ビューの作成

ビューファイルを resources/views ディレクトリ内に作成し、在庫アイテムの一覧表示、新規作成、編集、削除などのビューを設計します。

これもよくわからないので、具体的にどのような操作をすべきか聞いてみましょう。これは先の質問と同じで、❶具体的に、❷前回の回答を引用する、というように聞いています。

入力例

先ほど、次のように回答をもらいましたが、よくわかりません。**具体的に教えてください**❶。

```
ステップ 7: ビューの作成

ビューファイルを resources/views ディレクトリ内に作成し、在庫アイテムの一覧表示、新規作成、編集、削除などのビューを設計します
```
❷

活用アイデア

1 具体的に教えてほしいことを告げています。

2 前回の回答を引用形式で記述しています。

応答例

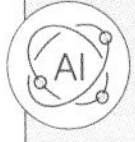

Laravelでビューを作成するためには、**特定のアクション（例： 一覧表示、新規作成、編集、削除）ごとに対応するビューファイルを resources/views ディレクトリ内に作成する必要があります** 3。
以下に、各アクションに対する具体的なビューの作成手順とコード例を示します。

ステップ 7: ビューの作成

1. **一覧表示（index.blade.php）のビュー：** 4
在庫アイテムの一覧を表示するページのビューを作成します。このビューでは、在庫アイテムのテーブルを表示し、各アイテムの詳細ページへのリンクや編集・削除ボタンを含めることができます。

```
<!-- resources/views/inventories/index.blade.php --> 8
@extends('layouts.app')

@section('content')
    <h1>在庫アイテム一覧</h1>
    <table class="table">
        <thead>
            <tr>
                <th>商品名</th>
                <th>数量</th>
                <th>価格</th>
                <th>アクション</th>
            </tr>
        </thead>
        <tbody>
            @foreach ($inventories as $inventory)
                <tr>
                    <td>{{ $inventory->product_name }}</td>
                    <td>{{ $inventory->quantity }}</td>
                    <td>{{ $inventory->price }}</td>
                    <td>
                          <a href="{{ route('inventories.show',
$inventory) }}" class="btn btn-primary">詳細</a>
                          <a href="{{ route('inventories.edit',
$inventory) }}" class="btn btn-warning">編集</a>
                           <form action="{{ route('inventories.
destroy', $inventory) }}" method="POST" style="display:
inline;">
                            @csrf
                            @method('DELETE')
```

```
                                <button type="submit" class="btn
btn-danger">削除</button>
                        </form>
                    </td>
                </tr>
            @endforeach
        </tbody>
    </table>
@endsection
```

2. **新規作成（create.blade.php）のビュー：** 5

新しい在庫アイテムを作成するフォームを表示するページのビューを作成します。フォームの送信先はコントローラーの store メソッドになります。

```
<!-- resources/views/inventories/create.blade.php -->
@extends('layouts.app')

@section('content')
    <h1>新規在庫アイテム作成</h1>
     <form method="POST" action="{{ route('inventories.store')
}}">
        @csrf
        <div class="form-group">
            <label for="product_name">商品名</label>
                 <input type="text" class="form-control"
id="product_name" name="product_name" required>
        </div>
        <!-- 他のフォームフィールドを追加 -->
           <button type="submit" class="btn btn-success">保存</
button>
    </form>
@endsection
```

3. **編集（edit.blade.php）のビュー：** 6

在庫アイテムの編集ページのビューを作成します。編集フォームは既存のデータを表示し、変更を保存するためのフォームです。

```
<!-- resources/views/inventories/edit.blade.php -->
@extends('layouts.app')

@section('content')
    <h1>在庫アイテム編集</h1>
     <form method="POST" action="{{ route('inventories.update',
$inventory) }}">
        @csrf
        @method('PUT')
        <div class="form-group">
            <label for="product_name">商品名</label>
```

```
                    <input type="text" class="form-control"
id="product_name" name="product_name" value="{{ $inventory-
>product_name }}" required>
            </div>
            <!-- 他のフォームフィールドを追加 -->
                <button type="submit" class="btn btn-success">保存</
button>
        </form>
@endsection
```

4．**削除のビュー(delete.blade.php)：**7
在庫アイテムの削除ページのビューを作成します。ユーザーが削除操作を確認するためのページです。

```
<!-- resources/views/inventories/delete.blade.php -->
@extends('layouts.app')

@section('content')
    <h1>在庫アイテム削除</h1>
    <p>以下の在庫アイテムを削除しますか?</p>
    <p><strong>商品名:</strong> {{ $inventory->product_name }}</
p>
    <!-- 他のデータ表示 -->
    <form method="POST" action="{{ route('inventories.destroy',
$inventory) }}">
        @csrf
        @method('DELETE')
            <button type="submit" class="btn btn-danger">削除</
button>
            <a href="{{ route('inventories.index') }}" class="btn
btn-secondary">キャンセル</a>
    </form>
@endsection
```

これらのビューを作成し、各アクションに対応するビューを正しく表示できるようにコントローラーとルーティングと組み合わせてください。各ビュー内でBootstrapやHTMLフォームを使用して、デザインやフォームのレイアウトをカスタマイズできます。また、フォームの送信先なども適切に設定してください

素晴らしい！ **実際のコードが出力されたので、私たちは、これをコピペしてファイルを作るだけで済みます**。

3の部分で、ファイルはresources/viewsディレクトリ（フォルダ）に保存するという旨が記述されています。そして4～7で、index.blade.php、create.blade.php、edit.blade.php、delete.blade.phpのコードが、実際に記述されています。

しかしこれは少し罠があって、実はChatGPTでは、resources/viewsディレクトリの直下に

配置するのではなくて、**resources/views/inventroeisに置くことを暗に想定**しています。

Laravelでは、ビューをそれぞれの役割ごとにフォルダで切って保存するという慣例があるからなのですが、提示されたソースコードには、**よく見ると8のように、ファイルの場所が書かれている**ので、これに従うとよいでしょう。

```
<!-- resources/views/inventories/index.blade.php -->
```

というわけで、resources/views/inventroeis以下に、index.blade.php、create.blade.php、edit.blade.php、delete.blade.phpの4つのファイルを作ります。内容は、ChatGPTが提示しているコードをそのままコピペします。

■ 図4-3-3　ビューを作る

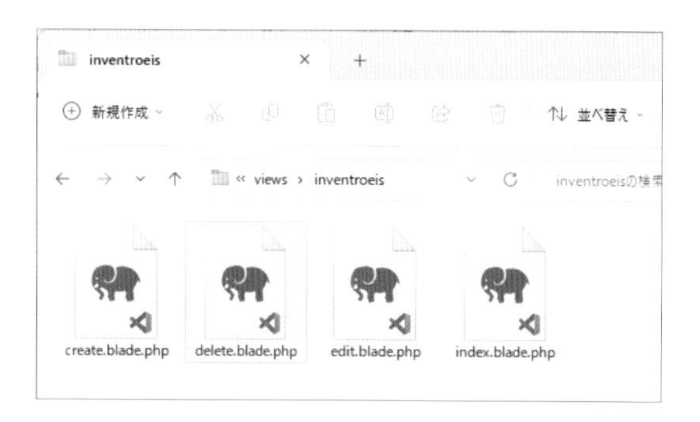

メモ

［メモ］文字コードは、UTF-8で保存してください。

ルートモデルバインディングの設定

続いて、ルートモデルバインディングを設定します。ChatGPTの回答は以下の通りですが、もちろん、これではなんのことかわからないので、さらに深掘りします。

応答例（P.82再掲）

ステップ 8: ルートモデルバインディングの設定

RouteServiceProvider クラスを使用して、モデルとルートをバインディングします。これにより、ルート内でモデルを自動的に取得できます。

入力例

先ほど、次のように回答をもらいましたが、よくわかりません。**具体的に教えてください。**1

```
```

ステップ 8: ルートモデルバインディングの設定

RouteServiceProvider クラスを使用して、モデルとルートをバインディングします。これにより、ルート内でモデルを自動的に取得できます。 ```2

活用アイデア

1 具体的に教えてほしいことを告げています。

2 前回の回答を引用形式で記述しています。

応答例

Laravelでは、ルートモデルバインディングを設定することで、特定のルートパラメータに基づいてモデルを自動的に取得できます。具体的には、ルート内で指定したパラメータ名に対応するモデルのインスタンスを取得し、コントローラーのアクションに渡すことができます。これにより、データベースからモデルを手動で検索する必要がなくなり、コードが簡潔になります。
以下に、ルートモデルバインディングを設定する手順を具体的に示します。

ステップ 8: ルートモデルバインディングの設定

1. RouteServiceProviderの編集：
app/Providers/RouteServiceProvider.php ファイルを開き、boot メソッド内にモデルとルートをバインディングするコードを追加します。3

```
use App¥Models¥Inventory; // 使用するモデルのクラスをインポート

public function boot()
{
    parent::boot();

    // ルートモデルバインディングの設定
    Route::model('inventory', Inventory::class);
}
```

このコードは、'inventory' というルートパラメータを Inventory モデルにバインドする設定です。これにより、ルート内で {inventory} パラメータを使用した場合、Laravelは自動的に該当する在庫アイテムモデルを取得します。

2. **ルートの設定：**4
ルートファイル (routes/web.php) 内で、モデルバインディングを利用したルートを設定します。例えば、詳細表示 (show) ルートを次のように設定できます。

```
Route::get('/inventories/{inventory}', 'InventoryController@
show')->name('inventories.show');
```

この設定により、{inventory} パラメータに関連する在庫アイテムモデルが InventoryController の show メソッドに自動的に渡されます。

3. コントローラーのアクションを更新：
コントローラーのアクション内では、引数にモデルのインスタンスを受け取るように更新します。ルートモデルバインディングにより、Laravelが自動的にモデルをインスタンス化し、アクションに渡します。

```
public function show(Inventory $inventory)
{
    // $inventory は自動的に取得されたモデルインスタンスです
    return view('inventories.show', compact('inventory'));
}
```

これにより、show アクション内で特定の在庫アイテムを $inventory として使用できます。
── 省略 ──

3の部分でapp/Providers/RouteServiceProvider.phpファイルに、指定されたコードを追記せよと回答しています。実際に、このファイルを開き、次のように修正して保存します。修正したのは、（A）と（B）の2カ所です。

【修正前】

```
<?php

namespace App¥Providers;

use Illuminate¥Cache¥RateLimiting¥Limit;
use Illuminate¥Foundation¥Support¥Providers¥RouteServiceProvider
as ServiceProvider;
use Illuminate¥Http¥Request;
use Illuminate¥Support¥Facades¥RateLimiter;
use Illuminate¥Support¥Facades¥Route;

class RouteServiceProvider extends ServiceProvider
```

```
{
── 省略 ──
    public function boot(): void
    {
        RateLimiter::for('api', function (Request $request) {
              return Limit::perMinute(60)->by($request->user()?->id
?: $request->ip());
        });

        $this->routes(function () {
            Route::middleware('api')
                ->prefix('api')
                ->group(base_path('routes/api.php'));

            Route::middleware('web')
                ->group(base_path('routes/web.php'));
        });
    }
}
```

【修正後】

```
namespace App¥Providers;

use Illuminate¥Cache¥RateLimiting¥Limit;
use  Illuminate¥Foundation¥Support¥Providers¥RouteServiceProvider
as ServiceProvider;
use Illuminate¥Http¥Request;
use Illuminate¥Support¥Facades¥RateLimiter;
use Illuminate¥Support¥Facades¥Route;

// (A) 使用するモデルのクラスをインポート
use App¥Models¥Inventory;
```

(A)の修正箇所

```
class RouteServiceProvider extends ServiceProvider
{
── 省略 ──
    public function boot(): void
    {
        RateLimiter::for('api', function (Request $request) {
              return Limit::perMinute(60)->by($request->user()?->id
?: $request->ip());
        });

        $this->routes(function () {
            Route::middleware('api')
                ->prefix('api')
                ->group(base_path('routes/api.php'));

            Route::middleware('web')
                ->group(base_path('routes/web.php'));
        });

        // (B) ルートモデルバインディングの設定
        Route::model('inventory', Inventory::class);
    }
}
```

(B)の修正箇所

Column

ルートモデルバインディング

Laravelに詳しくない人に説明しておくと、ルートモデルバインディングとは、特定のURLでアクセスしてきたときに、自動でデータベースからモデルを取得するようにする機能です。

この例で記述している次のコードは、「/inventory/」が含まれるURLにアクセスしたときに、自動的にデータベースからInventoryモデルにデータを取得するという意味です。

このように記述しておくと、次に説明するコントローラーのメソッド内で、データベースにアクセスしてデータを取得する処理コードを割愛できます。

```
Route::model('inventory', Inventory::class);
```

コントローラーメソッドの実装

最後に、コントローラーメソッドを実装します。

応答例（P.82再掲）

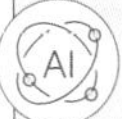

ステップ 9: コントローラーメソッドの実装

コントローラーメソッド内で、在庫アイテムの一覧表示、新規作成、編集、削除などのロジックを実装します。ユーザーからの入力を検証し、データベースと連携してデータを処理します。

これも具体的に何をすればよいのかわからないので、次のように再度質問します。

入力例

先ほど、次のように回答をもらいましたが、よくわかりません。**具体的に教えてください。**❶

```
ステップ 9: コントローラーメソッドの実装

コントローラーメソッド内で、在庫アイテムの一覧表示、新規作成、編集、削除などのロジックを実装します。ユーザーからの入力を検証し、データベースと連携してデータを処理します。
```
❷

活用アイデア

❶ 具体的に教えてほしいことを告げています。
❷ 前回の回答を引用形式で記述しています。

応答例

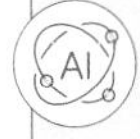

ステップ 9では、Laravelコントローラー内にアクションメソッドを実装し、在庫アイテムの一覧表示、新規作成、編集、削除などのロジックを記述します。以下に、各アクションメソッドの具体的な実装手順を示します。

1. 一覧表示 (index メソッド):
index メソッドは在庫アイテムの一覧を表示するためのものです。通常はデータベースから在庫アイテムのリストを取得し、ビューに渡します。具体的な実装例を示します：

```
public function index()
{
    $inventories = Inventory::all(); // Inventoryモデルから全ての在
```

```
    庫アイテムを取得
        return view('inventories.index', compact('inventories'));
    }
```

このコードでは、Inventory モデルからすべての在庫アイテムを取得し、inventories.index ビューに渡しています。

2. 新規作成 (create メソッド):
create メソッドは新しい在庫アイテムを登録するフォームを表示するためのものです。通常はフォームを表示するだけで、データの登録は別のアクションで行います。

```
public function create()
{
    return view('inventories.create');
}
```

3. 新規作成の保存 (store メソッド):
── 省略 ──
4. 詳細表示 (show メソッド):
── 省略 ──
5. 編集 (edit メソッド):
── 省略 ──
6. 編集の保存 (update メソッド):
── 省略 ──
7. 削除 (destroy メソッド):
── 省略 ──
これらのアクションメソッドは、在庫管理アプリケーションの各機能を実装するために使用されます。各メソッド内で、ユーザーからの入力を検証し、データベースと連携してデータの操作を行います。また、各アクションメソッドの最後には、リダイレクトまたは適切なレスポンスを返すことが一般的です。

これだけ実装しなければならないのはわかりましたが、ひとつひとつコピペするのはたいへんなので、まとめて提示してもらいましょう。

入力例

コントローラーの**名前はInventoryControllerです**❶。
そのままコピペしたいので❷、**いまの回答をすべて実装したプログラム**❸を出力してください。

活用アイデア

1 どのような名前（環境）かを明示しています。
2 目的を伝えています。
3 出力として何が欲しいのかを明示しています。

応答例

理解しました。以下に、InventoryController コントローラーのメソッド実装を含むサンプルプログラムを提供します。このコードは、在庫管理アプリケーションの基本的な機能を実装したものです。必要に応じてビューを作成し、ルートを設定してください。

```
<?php

namespace App¥Http¥Controllers;

use Illuminate¥Http¥Request;
use App¥Models¥Inventory;

class InventoryController extends Controller
{
    public function index()
    {
        $inventories = Inventory::all();
                return view('inventories.index',
compact('inventories'));
    }

    public function create()
    {
        return view('inventories.create');
    }

    public function store(Request $request)
    {
        $validatedData = $request->validate([
            'product_name' => 'required',
            'quantity' => 'required|integer',
            'price' => 'required|numeric',
        ]);

        Inventory::create($validatedData);

        return redirect()->route('inventories.index')
            ->with('success', '在庫アイテムが新規作成されました。');
    }

    public function show(Inventory $inventory)
```

```
    {
        return view('inventories.show', compact('inventory'));
    }

    public function edit(Inventory $inventory)
    {
        return view('inventories.edit', compact('inventory'));
    }

    public function update(Request $request, Inventory $inventory)
    {
        $validatedData = $request->validate([ 5
            'product_name' => 'required',
            'quantity' => 'required|integer',
            'price' => 'required|numeric',
        ]);

        $inventory->update($validatedData);

        return redirect()->route('inventories.index')
            ->with('success', '在庫アイテムが更新されました。');
    }

    public function destroy(Inventory $inventory)
    {
        $inventory->delete();

        return redirect()->route('inventories.index')
            ->with('success', '在庫アイテムが削除されました。');
    }
}
```

このコードでは、InventoryController に各アクションメソッドが実装されており、一覧表示、新規作成、編集、削除の機能が実現されています。また、**バリデーションルールも設定されています**4。

このコードをコピーして app/Http/Controllers/InventoryController.php ファイルに貼り付け、必要に応じてビューを作成し、ルートを設定してください。また、エラーメッセージや成功メッセージなど、ユーザーにフィードバックを提供する部分をカスタマイズすることもできます。

素晴らしい！　私たちが欲しかったのは、これです。このままInventoryController.php ファイルに貼り付けて保存します。

ちなみに4**の部分に「バリデーションルールも設定されています」と書かれているのは、入力エラーチェックの機構のこと**です。具体的には、5の部分が相当し、product_name（製品名に相当）が未入力であったり、quantity（数量に相当）やprice（価格）が未入力もしくは数字ではない値であったりしたときは、エラーとして受け付けないコードが書かれています。

不具合を修正して動かす

ここまでChatGPTが回答した通りのコードを書いてきました。動作するかどうかを確かめつつ、細かい部分を調整していきましょう。

バージョン違いの問題を解決する

では、実際に動作するかどうかを確認します。これまでの操作では、在庫管理のページは、ルーティングの設定で「/inventories/」というパス以下に設定されています。そこで、ブラウザで、次のURLでアクセスします。

▶ http://localhost:8000/inventories

アクセスすると、残念ながら、エラーが表示されるのがわかります。

■ 図4-4-1　エラーが発生した（Laravelのバージョン違いが原因）

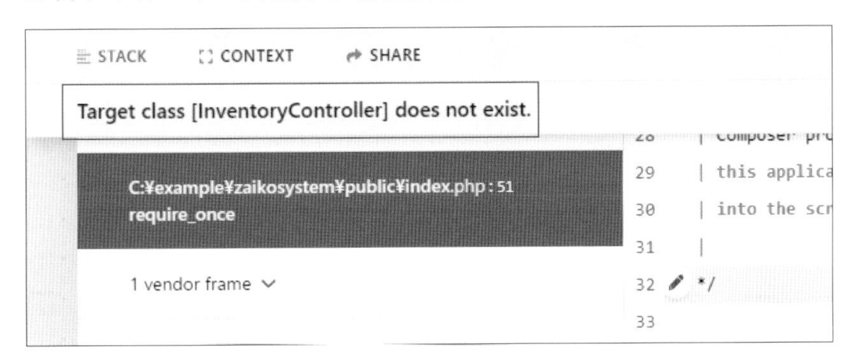

これは、実は、**Laravelのバージョンの違いが理由**です。Laravel8では、コードの書き方が変わったため、動かないのです。Googleなどで直し方を検索して、手作業で修正してもよいのですが、ここでは、**ChatGPTに書き換えさせましょう**。

活用アイデア

バージョン違いで動かないことがあらかじめわかっているときは、第3章でプロジェクトを作る時点で、「Laravelで」ではなくて**「Laravel8で」というように、バージョンまで明示的に指定すると、こうした問題を避けやすい**です。ChatGPTを使うときは、できるだけ細かく、動作環境を指示するのがよいでしょう。

入力例

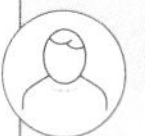

先ほどの下記のRouteの書き方は、Laravel7のようです❶。**Laravel8の書き方に変えてください**❷。

```❸
Route::get('/inventories', 'InventoryController@index')->name('inventories.index');
Route::get('/inventories/create', 'InventoryController@create')->name('inventories.create');
Route::post('/inventories', 'InventoryController@store')->name('inventories.store');
Route::get('/inventories/{inventory}', 'InventoryController@show')->name('inventories.show');
Route::get('/inventories/{inventory}/edit', 'InventoryController@edit')->name('inventories.edit');
Route::put('/inventories/{inventory}', 'InventoryController@update')->name('inventories.update');
Route::delete('/inventories/{inventory}', 'InventoryController@destroy')->name('inventories.destroy');
```

活用アイデア

❶ 現在の状況（書き方がLaravel7）を説明しています。
❷ どのようにしたいか（書き方をLaravel8に）を明示しています。
❸ 問題点を引用形式で記述しています。

応答例

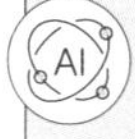

Laravel 8では、ルートの定義に関しては基本的にLaravel 7と同様の書き方が維持されています。ただし、Laravel 8からはコントローラーの名前空間が変更されたため、その部分に注意する必要があります。以下は、Laravel 8向けのルート定義の例です：

```
use App¥Http¥Controllers¥InventoryController;

Route::get('/inventories', [InventoryController::class,
'index'])->name('inventories.index');
Route::get('/inventories/create', [InventoryController::class,
'create'])->name('inventories.create');
Route::post('/inventories', [InventoryController::class,
'store'])->name('inventories.store');
Route::get('/inventories/{inventory}', [Inventory
Controller::class, 'show'])->name('inventories.show');
Route::get('/inventories/{inventory}/edit', [Inventory
Controller::class, 'edit'])->name('inventories.edit');
Route::put('/inventories/{inventory}', [Inventory
Controller::class, 'update'])->name('inventories.update');
Route::delete('/inventories/{inventory}',
[InventoryController::class, 'destroy'])->name('inventories.
destroy');
```

このように、Route::get() や Route::post() などのメソッドには、コントローラークラスとアクションメソッドを配列として指定します。また、コントローラーの名前空間を使用するために、useステートメントを追加する必要があります。

── 省略 ──

Laravel8の場合の修正方法が示されました。このように**「引用」の形でコードを記述すれば、そのコードを直してくれます**。

web.phpを提示された通りに修正しましょう。

【修正前】

```
Route::get('/inventories', 'InventoryController@index')-
>name('inventories.index');
Route::get('/inventories/create', 'InventoryController@create')-
>name('inventories.create');
Route::post('/inventories', 'InventoryController@store')-
>name('inventories.store');
Route::get('/inventories/{inventory}', 'InventoryController@
show')->name('inventories.show');
Route::get('/inventories/{inventory}/edit', 'InventoryController@
edit')->name('inventories.edit');
Route::put('/inventories/{inventory}', 'InventoryController@
```

```
update')->name('inventories.update');
Route::delete('/inventories/{inventory}', 'InventoryController@
destroy')->name('inventories.destroy');
```

【修正後】

```
use App¥Http¥Controllers¥InventoryController;

Route::get('/inventories', [InventoryController::class, 'index'])-
>name('inventories.index');
Route::get('/inventories/create', [InventoryController::class,
'create'])->name('inventories.create');
Route::post('/inventories', [InventoryController::class, 'store'])-
>name('inventories.store');
Route::get('/inventories/{inventory}', [InventoryController::class,
'show'])->name('inventories.show');
Route::get('/inventories/{inventory}/edit', [InventoryController
::class, 'edit'])->name('inventories.edit');
Route::put('/inventories/{inventory}', [InventoryController::class,
'update'])->name('inventories.update');
Route::delete('/inventories/{inventory}', [Inventory
Controller::class, 'destroy'])->name('inventories.destroy');
```

各種エラーを解決する

修正してリロードすると、これで直ったかと思いきや、今度は別のエラーが発生します。

■ 図 4-4-2 別のエラーが発生した

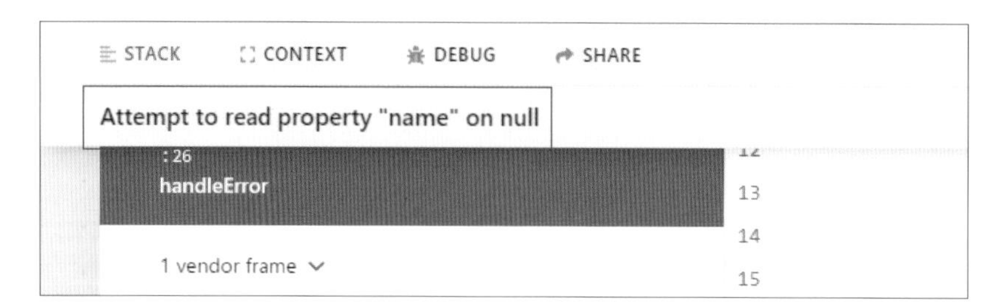

このエラーもLaravel8が理由です。先ほどと同じようにChatGPTに聞けば、修正のコードを教えてくれますが、こうした修正をひとつずつ聞いて修正しているのは、誌面を無駄に費やすことになるので、ここでは端折って、手作業で直します。

次のように修正してください。

メモ

この修正方法は、筆者の知見とGoogleなどの検索エンジンによる検索結果、ChatGPTへの質問など、総合的な資料に基づくものです。

① navigation.blade.phpの修正

resources¥views¥layouts¥navigation.blade.phpの次のコードを修正します。3カ所あります。

【変更前（3カ所）】

```
{{ Auth::user()->name }}
```

【変更後】

```
@auth {{ Auth::user()->name }} @endauth
```

② app.blade.phpの修正

①の問題を修正しても、引き続き、次のエラーが発生します。

app.blade.phpを次のように修正してください。

■ 図4-4-3　さらに別のエラーが発生した

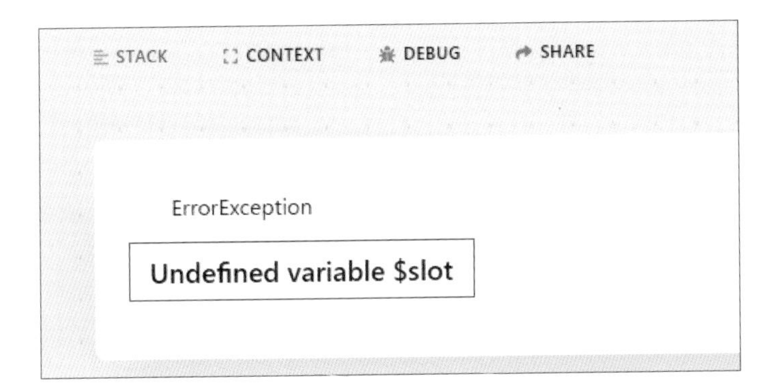

【修正前】

```
            <main>
                {{ $slot }}
            </main>
```

【修正後】

```
<div class="container">
    @yield('content')
</div>
```

在庫管理システムが動いた

以上の操作で、在庫管理システムが、ひとまず動くようになりました。まだ在庫がひとつも登録されていないので、何も表示されていませんが……。

ちなみに、「/inventories/create」には、新規作成の処理が結びつけられているので、ブラウザで「http://localhost:8000/inventories/create」にアクセスすれば、新規作成の画面は表示されます。ただし、いまのところ、商品名しか入力できません。そして［保存］をクリックしても、保存できません。

これは、「数量」と「価格」には、何か値を入力しないと保存できないようにバリデーションのコードが書かれているのですが、①入力欄がそもそもなく、それらを入力できない、②エラーメッセージの表示欄もなくて、エラーが表示されない、というのが理由です。

次節で、こうした問題を少しずつ、直していきます。

■ 図 4-4-4　エラーが発生せず、ひとまず動くようになった

■ 図 4-4-5　新規在庫アイテム作成の画面も表示される

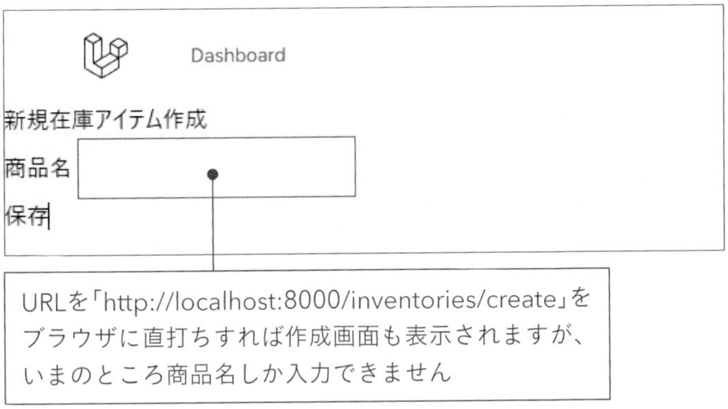

Dashboard

新規在庫アイテム作成

商品名

保存

URLを「http://localhost:8000/inventories/create」をブラウザに直打ちすれば作成画面も表示されますが、いまのところ商品名しか入力できません

在庫管理システムとして動くようにする

ひとまず動くようにはなりましたが、保存はできませんし、「新規作成」「編集」などのメニュー項目も怪しいです。これを調整して、在庫管理システムとして動くようにしていきましょう。

基本的な考え方

修正していくためには、**「現在、どのような状況であり、どのように直したいのか」を、ChatGPTに的確に伝えることが重要**です。

そのためには、「現在のソースコード」などを引用した形式で貼り付けるなどして、ChatGPTが、現在の問題点を把握できるようにします。

メモ

会話に前後関係がある場合は、これまでの回答をChatGPTがある程度覚えているため、そうした引用をしなくても、うまくいくケースもあります。ただ、覚えられる量に限度があるので、その場合でも、引用した形式で改めてChatGPTに説明し直したほうが、適切な回答が得られる可能性が高くなります。

必要な入力欄をすべて用意する

まずは、在庫データを入力できるようにするところから始めましょう。

前節で見たように、「http://localhost:8000/inventories/create」にアクセスすれば、新規作成画面を表示できますが、そこには「商品名」の入力欄しかありません。まずは、この部分を修正して、「数量」や「価格」なども入力できるようにしましょう。

入力例

現在の作成画面は次の通りで、**商品名の入力欄しかないようです。**❶

❷
````
```
<!-- resources/views/inventories/create.blade.php -->
@extends('layouts.app')

@section('content')
    <h1>新規在庫アイテム作成</h1>
    <form method="POST" action="{{ route('inventories.store') }}">
        @csrf
        <div class="form-group">
            <label for="product_name">商品名</label>
                <input type="text" class="form-control" id="product_name" name="product_name" required>
        </div>
        <!-- 他のフォームフィールドを追加 -->
        <button type="submit" class="btn btn-success">保存</button>
    </form>
@endsection
```
````

ここに「商品画像」「数量」「価格」の入力欄を追加してください。テーブルの定義は、下記の通りです。❸

❹
````
```
Schema::create('inventories', function (Blueprint $table) {
        $table->id();
        $table->string('product_name');
        $table->string('product_image')->nullable();
        $table->integer('quantity');
        $table->decimal('price', 10, 2);
        $table->timestamps();
    });
```
````

活用アイデア

1「商品名の入力欄しかない」というように、**問題点を提示**しています。

2 **現在の状況（ここでは修正対象となるソースコード）を引用**しています。新規作成画面に相当するcreate.blade.phpの内容を、そのまま貼り付けています。引用しなくても過去のチャット履歴から予測した出力をしてくれますが、類似の新しい別のソースコードが生成される可能性があります。このように**引用することで、「この内容」を変更する結果が返される可能性が高くなります**。

3 何をして欲しいのかを明示しています。

4 **テーブルの定義を引用**しています。ここでは、マイグレーションファイルに記述した内容を貼り付けました。ほかにもデータベーステーブルの定義の書式で提示するなど、提示方法はどのようなものでもよいです。こうした**テーブル定義の引用があることで、回答に含まれるコードの列名などが、この内容に基づいたものとして返される**可能性が高くなります。

応答例

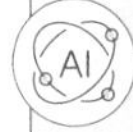

新しい商品の作成フォームに「商品画像」「数量」「価格」の入力フィールドを追加するには、以下のようにBladeテンプレートを更新します。

```
<!-- resources/views/inventories/create.blade.php -->
@extends('layouts.app')

@section('content')
    <h1>新規在庫アイテム作成</h1>
      <form method="POST" action="{{ route('inventories.store')
}}" enctype="multipart/form-data">
        @csrf
        <div class="form-group">
            <label for="product_name">商品名</label>
                   <input type="text" class="form-control"
id="product_name" name="product_name" required>
        </div>
        <div class="form-group">
            <label for="product_image">商品画像</label>
                <input type="file" class="form-control-file"
id="product_image" name="product_image">
        </div>
        <div class="form-group">
            <label for="quantity">数量</label>
                 <input type="number" class="form-control"
id="quantity" name="quantity" required>
        </div>
        <div class="form-group">
            <label for="price">価格</label>
                <input type="number" step="0.01" class="form-
control" id="price" name="price" required>
        </div>
```

```
            <button type="submit" class="btn btn-success">保存</
button>
    </form>
@endsection
```

このコードでは、以下の**変更を加えています：**❺
1. 「商品画像」のための input フィールドを追加し、enctype="multipart/form-data" をフォームに追加してファイルのアップロードを有効にします。
2. 「数量」のための input フィールドを追加し、type="number" を使用して数値入力を指定します。
3. 「価格」のための input フィールドを追加し、type="number" と step="0.01" を使用して小数点数を許容する数値入力を指定します。

これにより、新しい商品の詳細情報を入力できるようになります。また、name 属性はテーブルのカラム名と一致していることに注意してください。**商品画像はファイルのアップロードになるため、適切なバリデーションとファイルの処理がコントローラー側で必要です。**❻

修正した内容と、❺にあるように、その修正箇所を提示してくれました。実際に提示されたコードのようにcreate.blade.phpを修正してリロードすると、入力欄が追加されました。このとき、❻にあるように、画像ファイルのアップロード処理はできないことを回答している点に注意してください。「適切なバリデーションとファイルの処理がコントローラー側で必要」とあるように、そのためのコードが必要だからです。この問題については、あとで修正します。

■ 図4-5-1 「商品画像」「数量」「価格」の入力欄が付いた

Dashboard
新規在庫アイテム作成
商品名
商品画像 ファイルを選択 選択されていません
数量
価格
保存

保存できるようにする

では、図4-5-1で［保存］をクリックして保存できるのかというと、残念ながらまだできません。次のエラーが発生します。何が問題なのか、ChatGPTに聞いてみましょう。

```
Add [product_name] to fillable property to allow mass assignment on
[App¥Models¥Inventory].
```

■ 図4-5-2 ［保存］をクリックすると、エラーが発生する

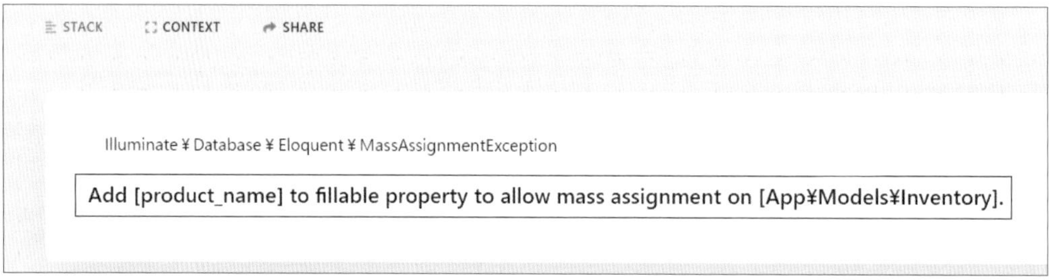

STACK CONTEXT SHARE

Illuminate¥Database¥Eloquent¥MassAssignmentException

Add [product_name] to fillable property to allow mass assignment on [App¥Models¥Inventory].

入力例

［保存］をクリックしたら、**次のエラーが発生しました**1。**修正すべきファイルと修正方法を教えてください**2。

```
```3
Add [product_name] to fillable property to allow mass assignment on
[App¥Models¥Inventory].
```
```

活用アイデア

1 どのような操作をしたら、**どのような事象が起きたのかを明示**しています。
2 **「修正すべきファイル」と「修正方法」のように限定**することで、「ファイル名」と「方法」が具体的に回答されやすくします。
3 メッセージを引用します。

応答例

このエラーメッセージは、LaravelのEloquentモデルであるInventoryモデルで、Mass Assignment（一括代入）を許可する属性（fillable属性）が設定されていない場合に発生します。Mass Assignmentを許可する属性を設定することで、フォームからのデータを一括でモデルに代入できるようになります。

Inventoryモデルでproduct_name属性をfillable属性に追加する手順は以下の通りです：

1. Inventoryモデルを開きます。通常、**app/Models/Inventory.php** 4 に位置します。
2. モデル内で、$fillable プロパティを定義し、product_name 属性を追加します。以下は修正後のコード例です：

```
protected $fillable = [
    'product_name',
    'product_image',
    'quantity',
    'price',
];
```

3. 上記の修正を保存します。
これにより、product_name 属性がMass Assignmentを許可するようになり、フォームからのデータをInventoryモデルに正しく保存できるようになります。

ここでは 2 で「修正すべきファイル」と示しているので、4 **のようにファイル名が明示**されています。そして修正方法も書かれているので、この通りに修正します。枠囲んで示した箇所が追加したコードです。

このように修正すると、保存できるようになります。

メモ

なぜ提示されたコードを、「{」と「}」のなかに書くのかというと、fillableはこの場所に書くのがLaravelの決まりだからです。これは基本的な事項であり、どのLaravelの入門書にも書かれています。

【修正前】

```
<?php

namespace App¥Models;

use Illuminate¥Database¥Eloquent¥Factories¥HasFactory;
```

```
use Illuminate¥Database¥Eloquent¥Model;

class Inventory extends Model
{
    use HasFactory;
}
```

【修正後】

```
<?php

namespace App¥Models;

use Illuminate¥Database¥Eloquent¥Factories¥HasFactory;
use Illuminate¥Database¥Eloquent¥Model;

class Inventory extends Model
{
    use HasFactory;

    protected $fillable = [
        'product_name',
        'product_image',
        'quantity',
        'price',
    ];
}
```

ChatGPTの回答を参考に、
新たに追加したコード

■ 図 4-5-3 在庫を登録できるようになった

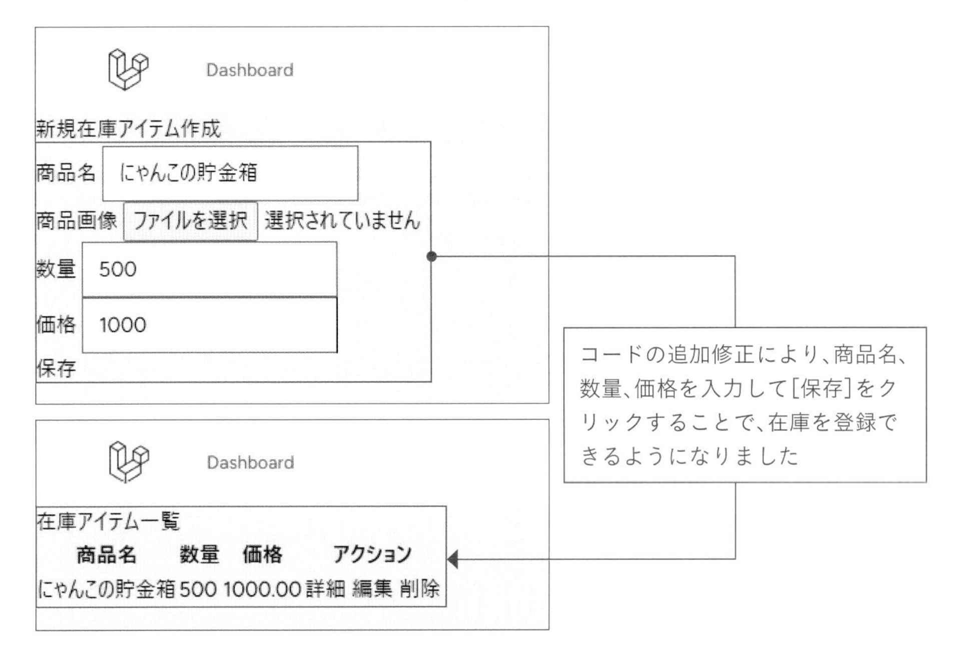

一覧画面を修正する

図4-5-3の実行結果を見るとわかるように、在庫を登録すれば、その一覧が表示されます（つまり一覧の表示自体は、すでに動くようになっていたということです）。

そして一覧には、［詳細］［編集］［削除］のボタンがあります。

実際に動作テストしてみるとわかりますが、次のように動きます。

■ ①［詳細］

次のエラーが発生します。これは一覧ページを表示するshowというメソッド（機能）をまだ作っていないのが原因です。

■ 図 4-5-4 ［詳細］をクリックしたときのエラー

STACK CONTEXT DEBUG SHARE

InvalidArgumentException PHP 8.2.0 10.22.0

View [inventories.show] not found.

②[編集]

図4-5-5のように「商品名」の入力欄しかありません。これは先ほど、新規作成画面に「商品画像」や「数量」、「価格」を追加したときと同じように、ChatGPTに聞いて修正すればよいです。

■ 図4-5-5　商品名の入力欄しかない

入力例

現在の編集画面❶は、次の通りで、商品名の入力欄しかないようです。

````
```
<!-- resources/views/inventories/edit.blade.php -->❷
@extends('layouts.app')

@section('content')
    <h1>在庫アイテム編集</h1>
     <form method="POST" action="{{ route('inventories.update',
$inventory) }}">
        @csrf
        @method('PUT')
        <div class="form-group">
            <label for="product_name">商品名</label>
                <input type="text" class="form-control" id="product_
name" name="product_name" value="{{ $inventory->product_name }}"
required>
        </div>
        <!-- 他のフォームフィールドを追加 -->
        <button type="submit" class="btn btn-success">保存</button>
    </form>
@endsection
````
````

```
　```

ここに「商品画像」「数量」「価格」の入力欄を追加してください。テーブルの定義は、下記の通りです。

```
Schema::create('inventories', function (Blueprint $table) {
        $table->id();
        $table->string('product_name');
        $table->string('product_image')->nullable();
        $table->integer('quantity');
        $table->decimal('price', 10, 2);
        $table->timestamps();
    });
```
```

活用アイデア

1 より明確に、「編集画面」という表現に変えました。
2 edit.blade.phpを貼り付けました。

**応答例**

※著者注：create.blade.phpに対する回答と類似しているため省略します

対象のファイルは、edit.blade.phpです。返された回答を元に、次のように修正します。

```
<!-- resources/views/inventories/edit.blade.php -->
@extends('layouts.app')

@section('content')
    <h1>在庫アイテム編集</h1>
     <form method="POST" action="{{ route('inventories.update',
$inventory) }}" enctype="multipart/form-data">
        @csrf
        @method('PUT')
```
```

```
        <div class="form-group">
            <label for="product_name">商品名</label>
            <input type="text" class="form-control" id="product_
name" name="product_name" value="{{ $inventory->product_name }}"
required>
        </div>
        <div class="form-group">
            <label for="product_image">商品画像</label>
            <input type="file" class="form-control-file" id="product_
image" name="product_image">
        </div>
        <div class="form-group">
            <label for="quantity">数量</label>
            <input type="number" class="form-control" id="quantity"
name="quantity" value="{{ $inventory->quantity }}" required>
        </div>
        <div class="form-group">
            <label for="price">価格</label>
            <input type="number" step="0.01" class="form-control"
id="price" name="price" value="{{ $inventory->price }}" required>
        </div>
        <button type="submit" class="btn btn-success">保存</button>
    </form>
@endsection
```

③ [削除]

［削除］をクリックすると、該当の在庫が消えます。つまり、とくに修正する必要ありません。

ここでは①の［詳細］についての問題を修正したいと思いますが、それには2つの修正方法が考えられます。

■ (a)［詳細］のページを作る

詳細情報を表示するページを作ります。ほとんどのWebシステムでは、これは「編集不可にした情報表示のページ」を作ることになるでしょう。

■ (b)［詳細］のリンクを削除する

そもそも［編集］をクリックすれば、編集できますから、表示だけのページは必要ないという考え方もあります。その場合、［詳細］のリンクを削除してしまう方法があります。

ここでは話を簡単にするため、**(b) の方法をとり、［詳細］のリンクを削除**したいと思います。

またこの一覧ページには、**新規作成ボタン（/inventories/createへのリンク）がないので、それも合わせて作る**ようにしましょう。次のようにChatGPTに質問します。

入力例

いまの一覧ページは、下記の通りです。
次の2つの修正をしてください。❶

1.［詳細］のリンクを削除してください
2.［新規作成］ボタンを作って、「/inventories/create」へのリンクとしてください。

```
```❷
<!-- resources/views/inventories/index.blade.php -->
@extends('layouts.app')

@section('content')
    <h1>在庫アイテム一覧</h1>
    <table class="table">
        <thead>
            <tr>
                <th>商品名</th>
                <th>数量</th>
                <th>価格</th>
                <th>アクション</th>
            </tr>
        </thead>
        <tbody>
            @foreach ($inventories as $inventory)
                <tr>
                    <td>{{ $inventory->product_name }}</td>
```
```

````
                    <td>{{ $inventory->quantity }}</td>
                    <td>{{ $inventory->price }}</td>
                    <td>
                        <a href="{{ route('inventories.show', 
$inventory) }}" class="btn btn-primary">詳細</a>
                        <a href="{{ route('inventories.edit', 
$inventory) }}" class="btn btn-warning">編集</a>
                        <form action="{{ route('inventories.
destroy', $inventory) }}" method="POST" style="display: inline;">
                            @csrf
                            @method('DELETE')
                            <button type="submit" class="btn btn-
danger">削除</button>
                        </form>
                    </td>
                </tr>
            @endforeach
        </tbody>
    </table>
@endsection
```
````

活用アイデア

1 箇条書きで、ChatGPTにして欲しいことを指示しています。

2 対象のソース（index.blade.php）を引用しています。

応答例

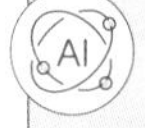

一覧ページに修正を加えて、「詳細」のリンクを削除し、「新規作成」ボタンを作成するには、以下のコードを使用できます：

```
<!-- resources/views/inventories/index.blade.php -->
@extends('layouts.app')

@section('content')
    <h1>在庫アイテム一覧</h1>
    <a href="{{ route('inventories.create') }}" class="btn btn-
success">新規作成</a>
    <table class="table">
        <thead>
            <tr>
```
```

```
                <th>商品名</th>
                <th>数量</th>
                <th>価格</th>
                <th>アクション</th>
            </tr>
        </thead>
        <tbody>
            @foreach ($inventories as $inventory)
                <tr>
                    <td>{{ $inventory->product_name }}</td>
                    <td>{{ $inventory->quantity }}</td>
                    <td>{{ $inventory->price }}</td>
                    <td>
                        <a href="{{ route('inventories.edit',
$inventory) }}" class="btn btn-warning">編集</a>
                        <form action="{{ route('inventories.
destroy', $inventory) }}" method="POST" style="display:
inline;">
                            @csrf
                            @method('DELETE')
                            <button type="submit" class="btn
btn-danger">削除</button>
                        </form>
                    </td>
                </tr>
            @endforeach
        </tbody>
    </table>
@endsection
```

このコードで行われている変更：

1.「詳細」のリンクを削除しました。
2. 「新規作成」ボタンを追加し、クリックすると /inventories/create へのリンクとして機能します。このボタンは btn btn-success スタイルを持っています。

これにより、一覧ページに新しい在庫アイテムを作成するための「新規作成」ボタンが表示され、詳細ページへのリンクが削除されます。

この回答の通りに、index.blade.phpを修正すると、［詳細］のリンクはなくなり、［新規作成］のボタンが付くことがわかります。

■ 図 4-5-6　コードを修正した結果の画面

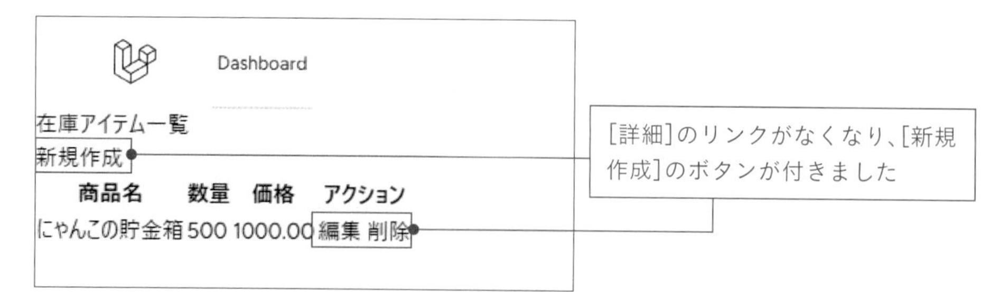

ファイルをアップロードできるようにする

次に、商品画像ファイルをアップロードできるようにしてみましょう。まずは、ChatGPTに操作方法を聞いてみます。

入力例

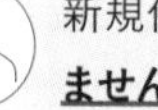

新規作成画面や編集画面には、商品画像という画像を**アップロードするボタンがありますが、機能しません。**1
機能させるには、**どのような処理を書く必要があるか教えてください。**2

````
```3
        <div class="form-group">
            <label for="product_image">商品画像</label>
             <input type="file" class="form-control-file" id="product_
image" name="product_image">
        </div>
```
````

活用アイデア

1 現在の状況である「**ファイルのアップロードができない**」という旨を記述しています。
2 ChatGPTに何を聞きたいのかを記しています。
3 現在のフォームの該当箇所を引用しています。こうすることで**回答に含まれるフォームの名前が、この名前に沿った回答になることを期待**できます。ここでは入力欄のみを引用しましたが、フォーム全体を引用するのでもかまいません。

応答例

商品画像のアップロード機能を機能させるには、以下の手順を実行する必要があります。

1. **enctype="multipart/form-data" をフォームに追加：4**

まず、フォームがファイルのアップロードをサポートするように、フォームタグに enctype="multipart/form-data" を追加してください。これにより、ファイルのアップロードが有効になります。

```
<form method="POST" action="{{ route('inventories.store') }}"
enctype="multipart/form-data">
    <!-- フォームの内容 -->
</form>
```

2. **コントローラーでファイルを処理：5**

商品画像をアップロードするには、コントローラーでファイルを受け取り、保存する必要があります。以下は、store メソッドの例です：

```
public function store(Request $request)
{
    $validatedData = $request->validate([
        'product_name' => 'required',
        'quantity' => 'required|integer',
        'price' => 'required|numeric',
        'product_image' => 'image|mimes:jpeg,png,jpg,gif|max:20
48', // 商品画像のバリデーションルール
    ]);

    // 商品画像のアップロード処理
    if ($request->hasFile('product_image')) {
            $imagePath = $request->file('product_image')-
>store('product_images', 'public');
        $validatedData['product_image'] = $imagePath;
    }

    Inventory::create($validatedData);

    return redirect()->route('inventories.index')
        ->with('success', '在庫アイテムが新規作成されました。');
}
```

上記のコードでは、product_image フォームフィールドがファイルを含むことを検証し、ファイルを保存してデータベースにパスを格納しています。また、ファイルのバリデーションルールも設定しています。

3. **ファイルの保存場所を設定：6**

ファイルが保存される場所は、Laravel の config/filesystems.php ファイル内の disks

> セクションで設定できます。通常、public ディスクを使用して公開されたディレクトリに保存されます。デフォルトでは、public ディスクは storage/app/public に接続されています。したがって、アップロードされた商品画像は storage/app/public 内の product_images ディレクトリに保存されることになります。
>
> 保存されたファイルへのパスは、データベースに格納されるため、表示する際には適切なURLを生成する必要があります。例えば、asset() ヘルパー関数を使用して、公開ディスクのURLを生成できます。
> ── 省略 ──

ChatGPTは、4 5 6に記しているように、3つの手順が必要だと回答しています。このうち4は、すでに実装済みなので、5からを考えます。

コントローラーであるInventoryController.phpファイルのstoreメソッド周りは、次のようになっています。

【修正前】

```
<?php

namespace App¥Http¥Controllers;

use Illuminate¥Http¥Request;
use App¥Models¥Inventory;

class InventoryController extends Controller
{
── 省略 ──
    public function store(Request $request)
    {
        $validatedData = $request->validate([
            'product_name' => 'required',
            'quantity' => 'required|integer',
            'price' => 'required|numeric',
        ]);
```

```
        Inventory::create($validatedData);

        return redirect()->route('inventories.index')
            ->with('success', '在庫アイテムが新規作成されました。');
    }
── 省略 ──
}
```

このstoreメソッドを、ChatGPTの回答通りに修正します。

メモ

ここで指定されている「'image|mimes:jpeg,png,jpg,gif|max:2048'」は、アップロード可能な拡張子の種類（jpeg、png、jpg）と最大ファイルサイズ（2048MB）です。ほかの値に差し替えてもかまいません。

【修正後】

```
<?php

namespace App¥Http¥Controllers;

use Illuminate¥Http¥Request;
use App¥Models¥Inventory;

class InventoryController extends Controller
{
── 省略 ──
    public function store(Request $request)
    {
        $validatedData = $request->validate([
            'product_name' => 'required',
            'quantity' => 'required|integer',
            'price' => 'required|numeric',
             'product_image' => 'image|mimes:jpeg,png,jpg,gif|max:2
048', // 商品画像のバリデーションルール
```

```
        ]);

        // 商品画像のアップロード処理
        if ($request->hasFile('product_image')) {
                $imagePath = $request->file('product_image')-
>store('product_images', 'public');
            $validatedData['product_image'] = $imagePath;
        }

        Inventory::create($validatedData);

        return redirect()->route('inventories.index')
            ->with('success', '在庫アイテムが新規作成されました。');
    }
── 省略 ──
}
```

ChatGPTの回答を参考に、新たに追加したコード

これでファイルをアップロードできるのですが、実は これは「新規作成」のときであり、**「編集」のときの処理は、別のところにあります**。編集は、editメソッドで、現在は、次のように記述されています。これも同じように修正します。

活用アイデア

同じ操作なので、話が長くならないよう、ここでは端折っていますが、実際に試行錯誤してやるのであれば、「**編集のときは、画像の保存ができません。修正すべき箇所を教えてください。**」とChatGPTに質問して、この回答を得ることになるでしょう。

【修正前】

```
── 省略 ──
class InventoryController extends Controller
{
── 省略 ──
    public function update(Request $request, Inventory $inventory)
```

```
    {
        $validatedData = $request->validate([
            'product_name' => 'required',
            'quantity' => 'required|integer',
            'price' => 'required|numeric',
        ]);

        $inventory->update($validatedData);

        return redirect()->route('inventories.index')
            ->with('success', '在庫アイテムが更新されました。');
    }
── 省略 ──
}
```

【編集後】

```
── 省略 ──
class InventoryController extends Controller
{
── 省略 ──
    public function update(Request $request, Inventory $inventory)
    {
        $validatedData = $request->validate([
            'product_name' => 'required',
            'quantity' => 'required|integer',
            'price' => 'required|numeric',
            'product_image' => 'image|mimes:jpeg,png,jpg,gif|max:2
048', // 商品画像のバリデーションルール
        ]);
        // 商品画像のアップロード処理
        if ($request->hasFile('product_image')) {
                $imagePath = $request->file('product_image')-
>store('product_images', 'public');
```

```
            $validatedData['product_image'] = $imagePath;
        }
        $inventory->update($validatedData);

        return redirect()->route('inventories.index')
            ->with('success', '在庫アイテムが更新されました。');
    }
── 省略 ──
}
```

ChatGPTの回答を参考に、新たに追加したコード

ここまで修正したら、❻の修正であるconfig/filesystems.php ファイルを編集する必要があるのですが、デフォルトのままで問題ないので、このままにしておきます。

以上で、アップロードできるようになります。実際に画像をアップロードすると、アップロードした画像は、¥storage¥app¥public¥product_imagesフォルダに保存されます。

■ 図 4-5-7　画像をアップロードできるようになった

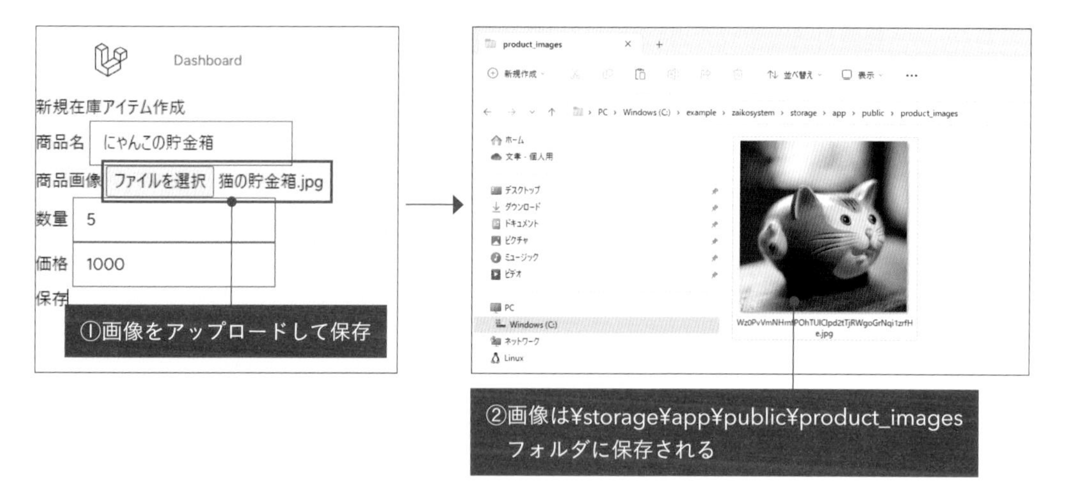

アップロードした画像を見られるようにする

画像をアップロードできるようになりましたが、アプリ上でそれを確認する機能がないので、追加してみましょう。

メモ

ここでは一覧ページのindex.blade.phpを修正していますが、編集ページのedit.blade.phpを引用して指定すれば、編集画面で、現在アップロードされている画像を確認するようにもできます。

入力例

下記の一覧ページに、アップロードした**画像が表示されるようにしてください。**[1]
アップロードした画像は、**storage¥app¥public¥product_imagesに保存されています。**[2]

````
```[3]
<!-- resources/views/inventories/index.blade.php -->
@extends('layouts.app')

@section('content')
    <h1>在庫アイテム一覧</h1>
     <a href="{{ route('inventories.create') }}" class="btn btn-
success">新規作成</a>
    <table class="table">
        <thead>
            <tr>
                <th>商品名</th>
                <th>数量</th>
                <th>価格</th>
                <th>アクション</th>
            </tr>
        </thead>
        <tbody>
            @foreach ($inventories as $inventory)
                <tr>
                    <td>{{ $inventory->product_name }}</td>
                    <td>{{ $inventory->quantity }}</td>
                    <td>{{ $inventory->price }}</td>
                    <td>
                              <a href="{{ route('inventories.edit',
$inventory) }}" class="btn btn-warning">編集</a>
                              <form action="{{ route('inventories.
destroy', $inventory) }}" method="POST" style="display: inline;">
                            @csrf
                            @method('DELETE')
                              <button type="submit" class="btn btn-
danger">削除</button>
````
````

```
                    </form>
                </td>
            </tr>
        @endforeach
    </tbody>
</table>
@endsection
` ` `
```

活用アイデア

1 アップロードした**画像が表示されるようにしたい**という指示です。
2 現在、**画像がどこに保存されているのかという状況**を明示しています。
3 一覧表示するファイルであるindex.blade.phpを引用しています。

応答例

アップロードした画像を表示するために、<img> 要素を追加し、商品画像のURLを生成して表示できます。画像はpublic ディスク内の storage/app/public/product_images ディレクトリに保存されていると仮定しています。以下は、一覧ページに商品画像を表示するための変更を行ったコードです：

```
<!-- resources/views/inventories/index.blade.php -->
@extends('layouts.app')

@section('content')
    <h1>在庫アイテム一覧</h1>
    <a href="{{ route('inventories.create') }}" class="btn btn-success">新規作成</a>
    <table class="table">
        <thead>
            <tr>
                <th>商品名</th>
                <th>数量</th>
                <th>価格</th>
                <th>商品画像</th> <!-- 商品画像列を追加 -->
                <th>アクション</th>
            </tr>
        </thead>
        <tbody>
            @foreach ($inventories as $inventory)
                <tr>
                    <td>{{ $inventory->product_name }}</td>
                    <td>{{ $inventory->quantity }}</td>
                    <td>{{ $inventory->price }}</td>
```

```
                    <td>
                        @if ($inventory->product_image)
                            <img src="{{ asset('storage/
product_images/' . $inventory->product_image) }}" alt="商品画像"
width="100">
                        @else
                            画像なし
                        @endif
                    </td>
                    <td>
                        <a href="{{ route('inventories.edit',
$inventory) }}" class="btn btn-warning">編集</a>
                        <form action="{{ route('inventories.
destroy', $inventory) }}" method="POST" style="display:
inline;">
                            @csrf
                            @method('DELETE')
                            <button type="submit" class="btn
btn-danger">削除</button>
                        </form>
                    </td>
                </tr>
            @endforeach
        </tbody>
    </table>
@endsection
```

上記のコードで行われた変更：

1. <th>商品画像</th> 列を追加し、商品画像を表示するための列を作成しました。
2. @if ($inventory->product_image) の条件を使用して、商品画像が存在する場合に画像を表示し、存在しない場合に「画像なし」を表示します。
3. asset() ヘルパー関数を使用して、商品画像のURLを生成し、<img> 要素の src 属性に設定しました。画像のパスは storage/app/public/product_images ディレクトリから生成されます。

これにより、在庫アイテム一覧ページに商品画像が表示され、画像が存在しない場合には「画像なし」と表示されるようになります。

■ 画像が見えない理由を特定し、改善する

index.blade.phpの修正案が提示されました。変更箇所は、**赤色の部分**です。しかし実際にindex.blade.phpを修正すると、一覧に画像が表示されると思いきや、実際は表示されません。

理由をChatGPTに聞いてみましょう。ここでは、ストレートに「アップロードされた画像が見えません」とだけ聞いてみます。

入力例

アップロードされた画像が見えません。

応答例

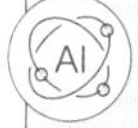
アップロードされた画像が表示されない場合、いくつかのポイントを確認してトラブルシューティングすることが必要です。以下のステップを確認してください：

1．パスが正しいか確認：asset ヘルパー関数で生成される画像のパスが正しいことを確認してください。特に、public/product_images ディレクトリの中に画像ファイルが正しく保存されているか確認してください。

2．パーミッションを確認：アップロード先のディレクトリで、ウェブサーバーが読み取りアクセス権を持っていることを確認してください。ディレクトリとファイルに対する書き込み権限が正しく設定されていることも確認してください。

3．シンボリックリンクを生成：public/storage と storage/app/public の間にシンボリックリンクが生成されているか確認してください。**シンボリックリンクを生成するには、次のコマンドを実行します。**❶

```
php artisan storage:link
```

シンボリックリンクが生成されると、public/storage ディレクトリ内に storage/app/public の内容がリンクされます。

―― 省略 ――

ここまで、❶の操作をしてこなかったので、これが原因の可能性が高いです。このプロジェクトフォルダから開いたターミナルから、次のように実行しましょう。

```
php artisan storage:link
```

■ 図4-5-8 「php artisan storage:link」を実行する

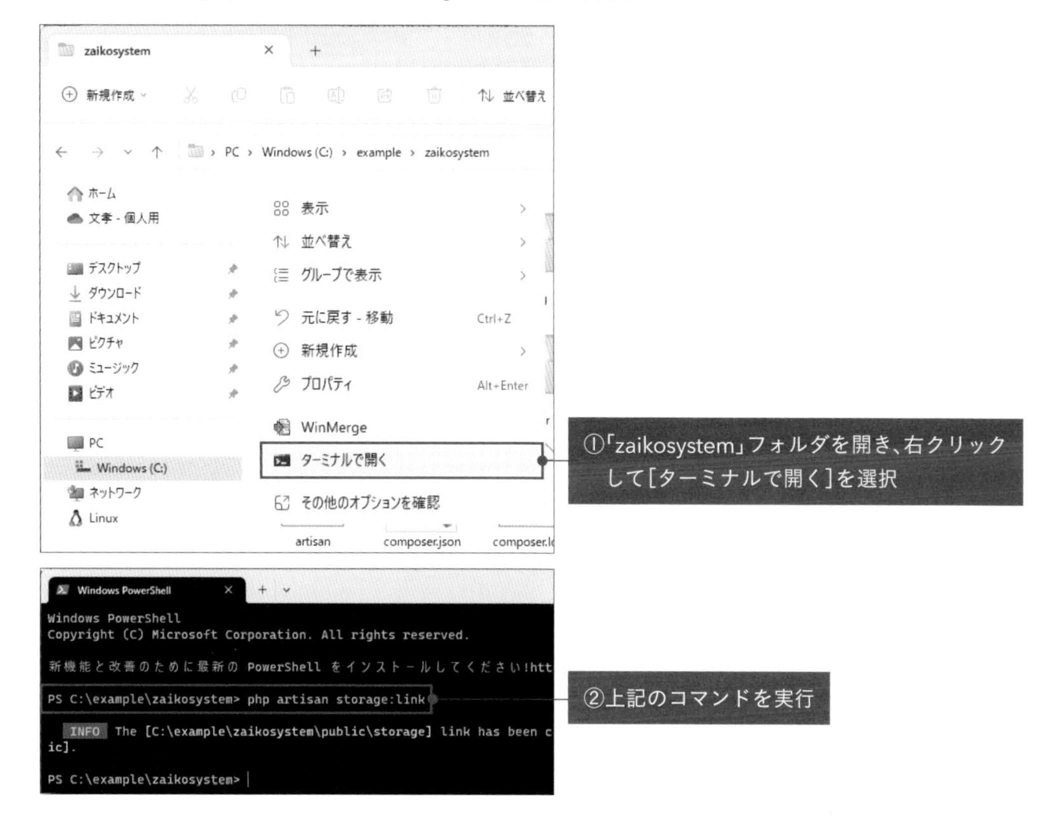

これで基本的に直るはずなのですが、まだ表示されません。

ChatGPTが出力したコードを確認するとわかるのですが、**実は画像のパスが間違っている**のです。これは入力時に「アップロードした画像は、storage¥app¥public¥product_imagesに保存されています。」のように、少し余計な情報を与えたのが理由かも知れません。

ChatGPTが提示した箇所を、さらに次のように修正します。これで画像が表示されるようになりました。

【修正前】

```
<img src="{{ asset('storage/product_images/' . $inventory->product_image) }}" alt="商品画像" width="100">
```

【修正後】

```
<img src="{{ asset('storage/' . $inventory->product_image) }}"
alt="商品画像" width="100">
```

■ 図 4-5-9　画像が表示されるようになった

レイアウトをきれいにする

ここまで、在庫管理システムの一連の処理を作ることができました。機能として問題ありませんが、最後にレイアウトをきれいにする方法を紹介します。

レイアウトを整える

ChatGPTは、**レイアウトなどの見栄えを整えるのは、案外得意**です。現在の一覧ページは、図4-6-1のようになっています。

■ 図4-6-1　現在の一覧ページ

次のように修正しましょう。

1. 金額は小数点なしで「○○円」と表示する
2. 画面いっぱいに広げて、センター揃えにする
3. 表に罫線を付ける
4. 「在庫アイテム一覧」の見出しは大きく表示する
5. ポップな色合いにする
6. リンクをボタンらしい表示にする

Webでは、デザインを変更するのにCSSファイルを扱います。これまで作成してきたLaravelプロジェクトでは、resources¥css¥app.cssに、その定義が書かれています。これを前提に、次のようにChatGPTに指示します。

入力例

下記の一覧ページを**次のように修正してください。**❶

1．金額は小数点なしで「○○円」と表示する
2．画面いっぱいに広げて、センター揃えにする
3．表に罫線を付ける
4．「在庫アイテム一覧」の見出しは大きく表示する
5．**ポップな色合いにする**❷
6．**リンクをボタンらしい表示にする**❸

```
```❹
<!-- resources/views/inventories/index.blade.php -->
@extends('layouts.app')

@section('content')
    <h1>在庫アイテム一覧</h1>
      <a href="{{ route('inventories.create') }}" class="btn btn-
success">新規作成</a>
    <table class="table">
        <thead>
            <tr>
                <th>商品名</th>
                <th>数量</th>
                <th>価格</th>
                <th>商品画像</th> <!-- 商品画像列を追加 -->
                <th>アクション</th>
            </tr>
        </thead>
        <tbody>
            @foreach ($inventories as $inventory)
                <tr>
                    <td>{{ $inventory->product_name }}</td>
                    <td>{{ $inventory->quantity }}</td>
                    <td>{{ $inventory->price }}</td>
                    <td>
```
```

````
                        @if ($inventory->product_image)
                            <img src="{{ asset('storage/' .
$inventory->product_image) }}" alt="商品画像" width="100">
                        @else
                            画像なし
                        @endif
                    </td>
                    <td>
                        <a href="{{ route('inventories.edit',
$inventory) }}" class="btn btn-warning">編集</a>
                        <form action="{{ route('inventories.
destroy', $inventory) }}" method="POST" style="display: inline;">
                            @csrf
                            @method('DELETE')
                            <button type="submit" class="btn btn-
danger">削除</button>
                        </form>
                    </td>
                </tr>
            @endforeach
        </tbody>
    </table>
@endsection
```

現在使われているCSSは、app.cssであり、その内容は、次の通りです。

```5
@tailwind base;
@tailwind components;
@tailwind utilities;
```
````

活用アイデア

1 やってほしいことを**箇条書きで指示**しています。
2 **あえてアバウトな指示に**しています。
3 こちらもあえてアバウトな指示にしています。
4 修正対象の**index.blade.phpを引用**しています
5 使われている**CSSを引用**しています
````

応答例

要件に合わせて一覧ページを修正し、以下のスタイリングやデザインの変更を行いました：

1. 金額を小数点なしで表示
2. 画面をいっぱいに広げてセンター揃え
3. 表に罫線を付ける
4. 「在庫アイテム一覧」の見出しを大きく表示
5. ポップな色合い
6. リンクをボタンらしい表示

```
<!-- resources/views/inventories/index.blade.php -->
@extends('layouts.app')

@section('content')
    <div class="container mx-auto">
            <h1 class="text-3xl font-bold mb-4 text-center text-
blue-600">在庫アイテム一覧</h1>
           <a href="{{ route('inventories.create') }}" class="btn
btn-primary mb-4">新規作成</a>
           <table class="table-auto w-full border-collapse border
border-gray-300">
               <thead>
                   <tr>
                       <th class="px-4 py-2">商品名</th>
                       <th class="px-4 py-2">数量</th>
                       <th class="px-4 py-2">価格</th>
                       <th class="px-4 py-2">商品画像</th>
                       <th class="px-4 py-2">アクション</th>
                   </tr>
               </thead>
               <tbody>
                   @foreach ($inventories as $inventory)
                       <tr>
                               <td class="px-4 py-2">{{ $inventory-
>product_name }}</td>
                               <td class="px-4 py-2">{{ $inventory-
>quantity }}</td>
                                   <td class="px-4 py-2">{{ number_
format($inventory->price) }}円</td>
                           <td class="px-4 py-2">
                               @if ($inventory->product_image)
                                   <img src="{{ asset('storage/' .
$inventory->product_image) }}" alt="商品画像" width="100">
                               @else
                                   画像なし
                               @endif
                           </td>
                           <td class="px-4 py-2">
```

```
                                <a href="{{ route('inventories.
edit', $inventory) }}" class="btn btn-warning">編集</a>
                                <form action="{{
route('inventories.destroy', $inventory) }}" method="POST"
style="display: inline;">
                                @csrf
                                @method('DELETE')
                                        <button type="submit"
class="btn btn-danger">削除</button>
                            </form>
                        </td>
                    </tr>
                @endforeach
            </tbody>
        </table>
    </div>
@endsection
```

このコードでは、Tailwind CSS のクラスを使用してデザインの修正を行い、金額を小数点なしで表示しました。テーブルに罫線が追加され、見出しも大きく表示されるようになりました。また、リンクをボタン風にデザインしました。ポップな色合いは Tailwind CSS のデフォルトのスタイルに基づいています。デザインをさらにカスタマイズする場合、Tailwind CSS クラスを調整してください。

実際にindex.blade.phpを変更すると、図4-6-1のようになりました。「見出しが大きくなったのか」「ボタンらしく表示されたのか」「ポップな感じになったのか」などは、怪しいですが、最初よりも見栄えはよくなりました。

さらに根気よく、「数量と価格を右に寄せてください」とか、いろいろ指示すれば、より、きれいなレイアウトになりますが、このあたりで終わりにして、在庫管理システムの完成とします。

■ 図4-6-1　整えられたレイアウト

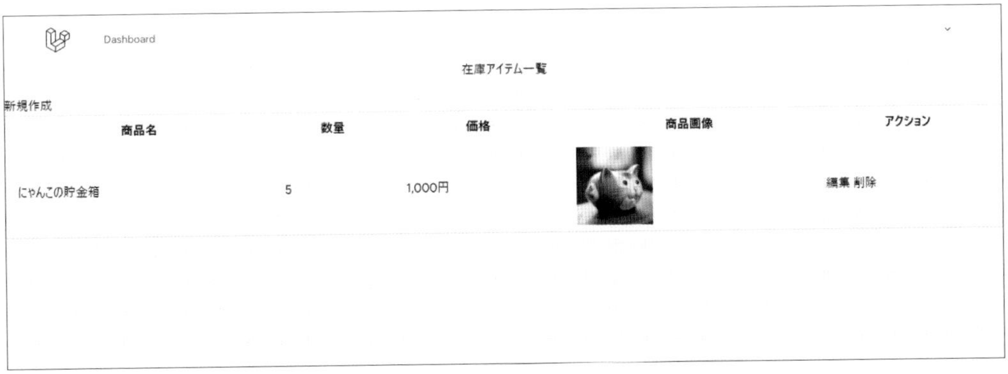

Webアプリ作成のまとめ

第3章と第4章と2つの章にわたり、白紙の状態からスタートし、ChatGPTに聞きながら在庫管理システムを作るところまでを説明しました。この過程において、気づいたことをまとめます。

アプリ作成の手法がまるで変わった

Laravelを使ったプロジェクトということもあるので、Laravelの基本を知らないとつらい部分はありますが、第3〜4章を通して大事な点があります。

それは、これまで**私たちは、コードを1行も書いていない**という点です。

確かに、少しのコードの修正はしましたが、ほとんどがChatGPTから提示されたコードのコピー&ペーストだけで済んでいます。確かにいくつかのコードは、そのままでは動かないかもしれませんが、**自分でキー入力してコードを書かなくて済むということは、とても大きな時短に**つながります。コードが長ければ長いほど、その効果は大きいです。

ChatGPTの登場で、私たちは、「白紙の状態から、自分で作り上げる」というプログラミングの手法から、「**ある程度、作らせて確認する**」という手法に変わったのです。

Chapter 5

作業負担を軽減する小さなプログラムを作ってもらう

ChatGPTは、
「よくある小さなプログラム」を作るのも得意です。
この章では、自分で作ると面倒な、いくつかのプログラムを
自動で作ってもらう方法を紹介します。

5-1 入力エラーをチェックするコードを作ってもらう

アプリ開発では、ユーザーの入力をチェックしなければならない場面が相当多いです。そこで、入力エラーをチェックするコードをChatGPTに作らせ、作業負担軽減を図ってみましょう。

入力エラーのチェック

入力エラーを、どのような仕組みで実装するのかは、アプリの構造によって異なります。本書では、これまでPHP＋Laravelでシステムを作ってきたので、それを例に説明します。

メモ

PHP＋Laravelは、一例です。質問を変えれば、ほかの構成の入力エラーチェックのコードも作れます。

コードを作ってもらう

第4章までの作業で、「商品名」「商品の画像」「数量」「価格」を保存して管理できるシステムを作りました。このシステムにおいて、たとえば**「商品名は20文字以下」「数量は500個以下」に入力制限するようなコード**を作ってもらうこととします。

入力例（sample05_1.txt）

Laravelプロジェクトがあります。 1
次のように在庫を管理するモデルがあります。
商品名はproductname、数量はquantityです。 2

``` 3
```
class Inventory extends Model
{
    use HasFactory;

    protected $fillable = [
```
```

```
            'product_name',
            'product_image',
            'quantity',
            'price',
        ];

    }
```

次のように**入力エラーのチェックをするコードを追加してください。**4

- 商品名を20文字以下
- 数量を500個以下

活用アイデア

修正すべきコードを提示しつつ、何をすべきかを箇条書きで示しましょう。

1 **Laravelプロジェクト**であることを明示しています。

2 **商品名と数量の列名**を明示しています。

3 **具体的なコード**を記述しています。

4 すべきことを**箇条書きで**指定しています。

応答例

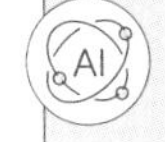

Laravelで入力エラーのチェックを行うには、**バリデーションルールを設定する必要があります**5。次のようにして、商品名を20文字以下、数量を500個以下に制限するバリデーションルールを追加できます。

```
use Illuminate¥Validation¥Rule;

class InventoryController extends Controller
{
    public function store(Request $request)  6
    {
        $request->validate([
            'product_name' => 'required|string|max:20',
            'quantity' => 'required|integer|max:500',
            'product_image' => 'nullable|image|mimes:jpeg,png,j
pg,gif|max:2048', // 画像ファイルのバリデーション例
            'price' => 'required|numeric|min:0', // 価格は0以上の
数値
        ]);
```

```
        // バリデーションが成功した場合、新しい在庫を作成するロジックをここに追加し
ます
        // ...

        return redirect()->route('inventory.index')
            ->with('success', '在庫が正常に追加されました。');
    }
}
```

上記のコードでは、validate メソッドを使用して、入力データが指定されたバリデーションルールに合致しているかどうかを確認しています。product_name は最大20文字、quantity は最大500までという制約を設けています。また、**他のフィールドにも適切なバリデーションルールを追加しました。** 7

バリデーションに合格した場合、在庫を新しく作成するロジックを追加し、適切なリダイレクトを行ってください。バリデーションに合格しなかった場合、Laravelは自動的にエラーメッセージをセッションに格納し、フォームに戻ることができます。エラーメッセージを表示するビューには、$errors 変数を使用してエラーメッセージを表示できます。

入力エラーチェックのことは、「バリデート（validate）」や「バリデーション（validation）」と呼びますが（5）、そのためのコードを作ってくれました。

6にあるように、storeメソッドに$request->validateと記述すればよいと書かれています。product_nameの部分は「max:20」、quantityの部分は「max:500」となっており、20文字以下、500個以下が反映されています。

7には、「他のフィールドにも適切なバリデーションルールを追加しました」とあり、具体的には、product_imageに対する「nullable|image|mimes:jpeg,png,jpg,gif|max:2048」（未設定可、画像、JPEG/PNG/JPG/GIFのみ、最大サイズ2048キロバイト（=2メガバイト））やpriceに対する、「required|numeric|min:0」（必須、数値、0以上）という設定が追加されています。**これらを反映するかどうかは、状況によって、私たちが判断すればよい**でしょう。

第4章で作られたコードを実際に変更して試すには、¥app¥Http¥Controllers¥InventoryController.phpを変更します。

編集時にうまくいかない問題を修正する

実際に確認するとわかるのですが、このコードは、新規作成のときにはエラーが出ますが、編集して保存し直すときには、エラーが発生しません。これは、Laravelについて知っていればわかるのですが、提示されたstoreメソッドは、「新規保存」に実行されるメソッドであり、**編集して保存し直すときにはupdateメソッドが呼び出される**のが理由です。updateメソッド

にも、同じコードを記述する必要があります。

このように、うまくいかない場合は、さらに質問すればよいのです。

入力例

新規して保存するときにはエラーが出ますが、編集して保存するときにはエラーが出ないです。

応答例

編集して保存するときにバリデーションエラーが発生しない問題は、更新時にバリデーションが正しく適用されていない可能性があります。Laravelにおいて、バリデーションは新規作成（create）と更新（update）で異なるルールを適用することが一般的です。

以下は、更新操作時にバリデーションが正しく適用されるようにするための方法です：

1. ルーティングの設定：
ルート定義の際、更新操作用のルートを作成し、適切なコントローラメソッドを呼び出すように設定します。通常、編集フォームを表示するルートと更新処理を実行するルートが必要です。

例：

```
Route::get('/inventory/{inventory}/edit', 'InventoryController@
edit')->name('inventory.edit');
Route::put('/inventory/{inventory}', 'InventoryController@
update')->name('inventory.update');
```

2. コントローラの編集：
コントローラ内で、**更新操作用のメソッド（通常 update メソッド）を以下のように修正します。** 1

```
public function update(Request $request, Inventory $inventory)
{
    $request->validate([
        'product_name' => 'required|string|max:20',
        'quantity' => 'required|integer|max:500',
        'product_image' => 'nullable|image|mimes:jpeg,png,jpg,g
if|max:2048',
        'price' => 'required|numeric|min:0',
    ]);

    // バリデーションが成功した場合、在庫を更新するロジックをここに追加します
    // ...

    return redirect()->route('inventory.index')
        ->with('success', '在庫が正常に更新されました。');
}
```

```
ここでは、update メソッド内でのバリデーションを設定し、更新処理を追加しています。
$inventory パラメータは、指定された在庫のIDに基づいてモデルを取得します。

これらのステップを実行することで、編集して保存する際にもバリデーションが正しく適用されるはずです。また、編集フォームのビューでも適切なフォームデータを表示し、ユーザーが入力を修正できるようにしてください。
```

ChatGPTも、この問題に気づいて、■1のようにupdateメソッドにも実装する必要があると教えてくれました。

ChatGPTは、いつも完璧な応答を返してくれるわけではないので、**提示されたコードを実際に試して、問題がないかを確認し、問題があれば再度ChatGPTに聞いていく**という姿勢が重要です。

■ エラーメッセージを正しく表示する

このようにstoreメソッドやupdateメソッドを変更した場合、保存はされなくなりますが、エラーメッセージは表示されません。

エラーメッセージは「$errors」に保存されるのですが、ユーザーに見せるページ（ビュー）のresources¥views¥inventories¥create.blade.phpおよび同edit.blade.phpに含まれていないのが理由です。**create.blade.phpやedit.blade.phpに次のように追加することで、エラーが表示されるように**なります。

これはLaravelの基本およびGoogleで検索すればわかることなので、ここではChatGPTに聞いていませんが、もちろんChatGPTに聞いて回答を引き出すこともできます。

メモ

ChatGPTから回答を引き出すときは、現在のcreate.blade.phpやedit.blade.phpを引用し、「下記のコードでは、エラーメッセージが表示されません。表示されるようにしてください」と聞くのがよいでしょう。

```
── 省略 ──
    <h1>在庫アイテム編集</h1>
      @foreach ($errors->all() as $error)
        <li>{{$error}}</li>
      @endforeach
── 省略 ──
```

エラーメッセージを変えたい

左ページのように実装すると、図5-1-1のように、エラーメッセージが表示されるようになりますが、残念ながら英語です。これを日本語に修正してみたいと思います。

■ 図5-1-1　エラーメッセージが英語である

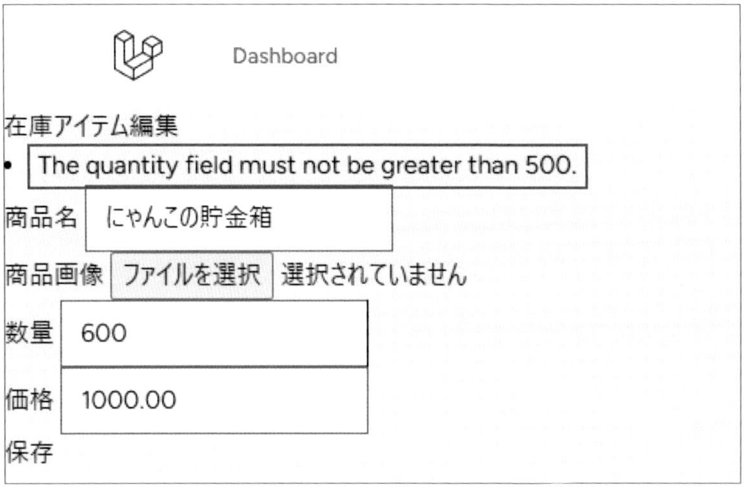

Dashboard
在庫アイテム編集
• The quantity field must not be greater than 500.
商品名 にゃんこの貯金箱
商品画像 ファイルを選択 選択されていません
数量 600
価格 1000.00
保存

ChatGPTに修正方法を聞いてみましょう。

入力例

提示されたコードでは❶、表示されたエラーメッセージが、次のように**英語です**❷。**日本語に**してください。❸

```❹
The quantity field must not be greater than 500.
```

活用アイデア

提示されたコードを示しつつ、問題点と改善方法を尋ねましょう。

❶どの状況において問題があるのかを「提示されたコード」と明示しています。

❷どのような結果になっているのか、現在の状況を表示しています（❹で引用）。

❸「日本語にしてほしい」と、したいことを明示しています。

応答例

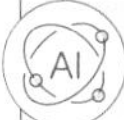

エラーメッセージを日本語に変更するには、Laravelのバリデーションメッセージをカスタマイズする必要があります。以下は、バリデーションメッセージを日本語に変更する方法です。

1. resources/lang ディレクトリに言語ファイルを作成します。もし ja フォルダが存在しない場合は、新しく作成してください。

2. 言語ファイル内に、バリデーションメッセージのカスタマイズを追加します。resources/lang/ja/validation.php というファイルを作成し、以下のようにカスタマイズメッセージを設定します：❺

```
return [
    'custom' => [
        'quantity' => [
            'max' => '数量は500以下である必要があります。',
        ],
    ],
];
```

3. カスタムメッセージを指定したフィールド名に関連付けるため、ルールを指定するときに attributes キーを使用します。例えば、quantity フィールドにカスタムメッセージを関連付けたい場合：❻

```
$request->validate([
    'quantity' => 'required|integer|max:500',
], [
    'quantity.max' => '数量は500以下である必要があります。',
]);
```

これにより、バリデーションエラーが発生した場合に、指定した日本語のカスタムメッセージが表示されるようになります。

応答が少しわかりにくいのですが、ChatGPTでは**回答として2つの方法を示しています**。

❺の部分にあるのが、ひとつめの方法です。resources/lang/jaフォルダに、提示されたvalidation.phpのコードを記述する方法です。

❻の部分にあるのが、storeメソッドやupdateメソッドに書いたvalidateメソッドの呼び出しを修正する方法です。

どちらの方法をとってもよいですが、一カ所だけなら、❻の方法が簡単です。共通して全部をカスタマイズするのであれば、❺の方法をとるのがよいでしょう。

複雑な条件のコードも簡単に作れる

ここでは「最大文字数」や「最大数」による条件でエラーメッセージを作成してみました。これは「max:最大数」と表記するだけなので、さほど難しくありません。

しかし、より複雑な条件もシステムでは必要となり、そのようなときには、ChatGPTが威力を発揮します。たとえば次のように、「特定の商品のときだけ、数量の条件を変更する」というコードは複雑ですが、ChatGPTならそのコードを即座に作ってくれます。

むしろ、こうした複雑なものほど、ChatGPTによる省力効果が大きく見込めるでしょう。

入力例（続き）

商品名が「万年筆」のときに限って、最大個数を10個1、それ以外は500個に制限するエラー2としてください。

活用アイデア

条件を1つずつ具体的に指示しましょう。

1 ひとつめの条件を指定しています。

2 ふたつめの条件を指定しています。

応答例

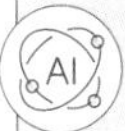

特定の条件に基づいてバリデーションルールを動的に設定する場合、カスタムバリデーションルールを作成することが適しています。以下は、商品名が「万年筆」の場合に最大個数を10個、それ以外の商品名の場合に最大個数を500個に制限するカスタムバリデーションルールを作成する方法です。

1. カスタムバリデーションルールを作成します。app/Providers/AppServiceProvider.php ファイル内の boot メソッドに次のように追加します：

```
use Illuminate¥Support¥Facades¥Validator;

public function boot()
{
      Validator::extend('custom_max_quantity', function
($attribute, $value, $parameters, $validator) {
          // 商品名が「万年筆」の場合、最大10個に制限する
          if ($parameters[0] === '万年筆') {
              return $value <= 10;
          }
          // それ以外の場合、最大500個に制限する
```

```
        return $value <= 500;
    });

    // カスタムバリデーションルールのエラーメッセージを登録
    Validator::replacer('custom_max_quantity', function
($message, $attribute, $rule, $parameters) {
        $productName = $parameters[0];
        return str_replace(':max', $productName === '万年筆' ?
10 : 500, $message);
    });
}
```

2. バリデーションルールを使用してリクエストデータを検証します。コントローラ内のバリデーションルール設定を以下のように変更します：

```
$request->validate([
    'product_name' => 'required|string|max:20',
    'quantity' => ['required', 'integer', 'custom_max_
quantity:' . $request->input('product_name')],
    'product_image' => 'nullable|image|mimes:jpeg,png,jpg,gif|m
ax:2048',
    'price' => 'required|numeric|min:0',
], [
    'quantity.custom_max_quantity' => ':attributeは:max個以下である必要があります。',
]);
```

上記のコードでは、quantity フィールドのバリデーションルールとして custom_max_quantity を使用しています。このカスタムルールは商品名に応じて最大個数を制限します。また、バリデーションエラーメッセージも適切に設定しています。

これにより、「万年筆」の商品名の場合は最大10個に、それ以外の商品名の場合は最大500個に制限されるはずです。

5-2 正規表現のパターンを作ってもらう

入力のエラーチェックに欠かせないのが、パターンマッチする正規表現です。郵便番号や電話番号はともかく、メールアドレスなど複雑な書式の正規表現を自分で書くのは億劫です。ChatGPTに作ってもらいましょう。

正規表現のおさらい

正規表現は、文字の並びを定義する表現方法です。ユーザーが入力した文字列を正規表現に合致しているかどうかを確認することで、書式が正しいかを確認したり、特定の区切りでデータを分割したり、置換したりするときに使います。

こうした用途のうち、よく使うのが、書式の確認です。たとえば、郵便番号は「1234567」のような7桁の数値、もしくは、「123-4567」のような間にハイフンがある書式ですが、これを確認するために、「^¥d{3}-?¥d{4}$」のような正規表現を使います。

本書は、正規表現についての本ではないので詳細は割愛しますが、「^」は行頭、そして、「¥d」は「数字（0～9）」を示します。「{3}」は、それが3つ続くことを示します。つまり、「^¥d{3}」は、行頭から数字が3つ連なるという意味です。その後ろの「-?」の「?」は、直前の文字があってもなくてもよいことを示します。つまり「-」があってもなくてもよいという意味です。その後ろの「¥d{4}」は、数字4つです。最後の「$」は行末です。それ以降の文字は何もないという意味です。

図示すると、図5-2-1のようになり、この正規表現と比較することで、郵便番号の書式と合っているかを確認できます。

図 5-2-1　正規表現

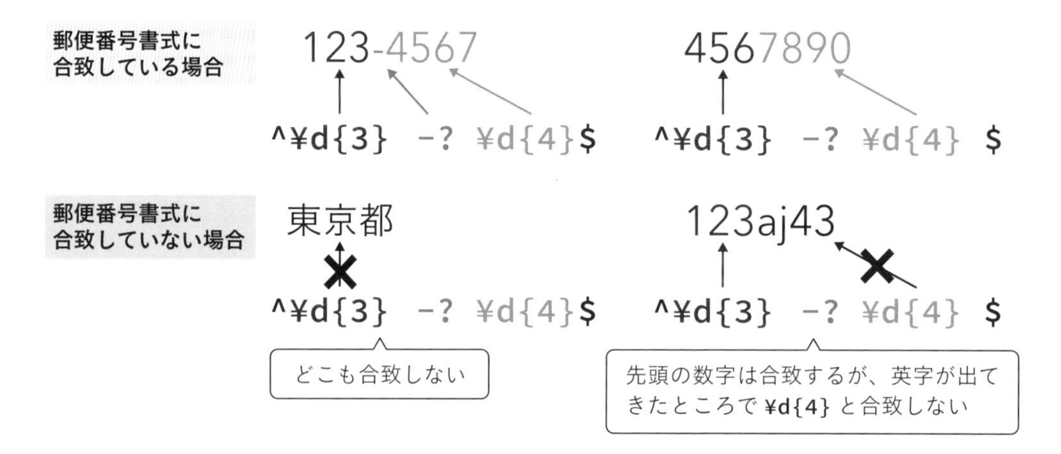

正規表現を作ってもらう

これを踏まえて、ChatGPTに正規表現を作ってもらいます。

郵便番号の正規表現

まずは、郵便番号の正規表現を作ってもらいます。

入力例

郵便番号と比較するため❶の正規表現を作ってください❷。

活用アイデア

具体的な目的、作業内容を伝えましょう。

❶目的を指示しています。

❷何をしてほしいかを指示しています。

応答例

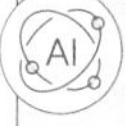

郵便番号の正規表現は、国や地域によって異なります❸。以下は、一般的な郵便番号の正規表現の例ですが、特定の国や地域に合わせて調整する必要があります。日本の郵便番号（〒100-8111 など）に一致する正規表現の例を示します。

```
^¥d{3}-¥d{4}$
```

この正規表現は、3桁の数字、ハイフン、4桁の数字のパターンに一致します。日本の一般的な郵便番号形式に合致します。ただし、具体的な要件に応じて正規表現を調整することができます。
── 省略 ──

ChatGPTの回答（3）を見て、「しまった、国を指定していなかった」と思いましたが、**日本語で質問しているのがわかっているのか、柔軟に日本国内での郵便番号の書式を回答**してくれました。

メールアドレスの正規表現

同様にして、メールアドレスの正規表現を作ってもらいましょう。

入力例

メールアドレスと比較するため1の正規表現を作ってください2。

活用アイデア

1目的を指示しています。
2何をしてほしいかを指示しています。

応答例

メールアドレスを比較するための正規表現は、以下のようになります。ただし、メールアドレスのバリデーションは非常に複雑で、厳密に正確な正規表現を作成することは難しいです。以下の正規表現は、一般的なケースに合致するものですが、全てのメールアドレスに対応するわけではありません。

```
^[a-zA-Z0-9._%+-]+@[a-zA-Z0-9.-]+¥.[a-zA-Z]{2,}$
```
3

この正規表現は、一般的なメールアドレスの形式に合致します。以下の要点を含んでいます：

1. ユーザー名部分（@の前）は、英字（大文字と小文字）、数字、ピリオド（.）、アンダースコア（_）、ハイフン（-）、プラス（+）、パーセント記号（%）から成り立つことを許容しています。
2. @記号が含まれている必要があります。
3. ドメイン部分（@の後）は、英字（大文字と小文字）、数字、ピリオド（.）、ハイフン（-）から成り立つことを許容しています。
4. ドメインの最後には少なくとも2文字の英字が必要です。たとえば、com、org、jp など。

ただし、この正規表現はすべてのメールアドレスのケースに対応するわけではありません。メールアドレスのバリデーションは複雑であり、厳密な正規表現を作成する場合、さまざまな規則やRFC（Request for Comments）に基づいて考慮する必要があります。特定の使用ケースに合わせて調整することが重要です。

3のように、メールアドレスの正規表現は複雑なのですが、こうした正規表現も簡単に作ってくれます。

カスタマイズした正規表現を作る

正直、「郵便番号」や「メールアドレス」など、代表的な書式の正規表現は、インターネットで検索すれば、実例として見つかります。**ChatGPTが重宝するのは、これをカスタマイズできるという点**です。

いまの「メールアドレスの正規表現」を、ドメイン名が「example.co.jp」または「example.com」の場合だけに合致するものに変更してもらいましょう。

メモ

以下では正しい回答が得やすいよう、前回の回答を引用していますが、ChatGPTは会話の前後関係を意識するので、ほとんどの場合、引用しなくても、適切な回答が得られます。

入力例（sample05_2.txt）

下記に示す、**メールアドレスと合致する正規表現があります**1。
これを改良して、ドメイン名が**「example.co.jp」または「example.com」のときだけ合致するもの**に変更してください2。

```
```3
^[a-zA-Z0-9._%+-]+@[a-zA-Z0-9.-]+¥.[a-zA-Z]{2,}$
```
```

活用アイデア

ここでもコードを提示しつつ、作業の前提と作業内容を具体的に指示しましょう。

1作業の前提を示しています。

2何をすべきかを具体的に指示しています。

3前回の回答を引用しています。

応答例

指定された条件に合致するメールアドレスの正規表現を作成するには、次のように正規表現を調整できます。

```
^[a-zA-Z0-9._%+-]+@(example¥.co¥.jp|example¥.com)$
```
4

この正規表現では、ドメイン名が「example.co.jp」または「example.com」に合致するメールアドレスを検証します。ドメイン名の部分が指定した2つの値のいずれかと一致する必要があります。他のドメイン名には一致しません。

4のように、カスタムにした回答が得られました。このように、聞きながら自分のカスタムしたい出力をもらえるのは、ChatGPTのよいところです。

Column

正規表現を実際に試す

この章以降では、ChatGPTにコードの一部だけを作ってもらうので、動作確認の方法は示しません。正規表現の動作を確認するには、いくつかの方法がありますが、もし試したいなら、Chapter4で作成した在庫管理システムを一時的に修正する方法があります。

在庫管理システムでは、商品名の入力欄をproduct_nameとしてあります。前節では、次のようにバリデーションを実装しました。

```
$request->validate([
    'product_name' => 'required|string|max:20',
    'quantity' => 'required|integer|max:500',
    'product_image' => 'nullable|image|mimes:jpeg,png,jpg,gif|max:2048',
    'price' => 'required|numeric|min:0',
]);
```

この「required|string|max:20」は、「|」で区切った指定であり、左から順に、「必須」「文字列」「最大値20」です。Laravelでは「regex:/正規表現/」という項目として記述すると、正規表現と合致するかどうかを確認できます（「/」と「/」は対になっていれば他の文字でもかまいません）。

よって次のように変更すれば、商品名の入力欄に対して、郵便番号やメールアドレスの書式に合致しないとエラーにするという状態にでき、動作の確認ができます。

【郵便番号の場合】

```
'product_name' => 'required|string|regex:/^¥d{3}-¥d{4}$/',
```

【メールアドレスの場合】

```
'product_name' => 'required|string|regex:/^[a-zA-Z0-9._%+-]+@
[a-zA-Z0-9.-]+¥.[a-zA-Z]{2,}$/',
```

CSVファイルを読み書きするコードを作ってもらう

システムでは、CSV形式のファイルを読み込んで何か処理するケースも多いです。自分で書くのもよいですが、こうした定型的なコードは、ChatGPTに作らせると、時短につながります。

CSVファイルを読み込むコードを作ってもらう

さっそく、CSVファイルを読み込むコードを作ってもらいましょう。

入力例（sample05_3.txt）

PHPで1 **CSVファイルを読み込むコードを作ってください。**2
CSVファイルの**1行目には、列名が入っています。**3
結果は**1行目の列名を用いた配列**4**として**得られるようにしてください。

活用アイデア

使用言語を示しつつ、コードの具体的な仕様を指示しましょう。

1 PHPという**言語を明示**しています。
2 **CSVファイルを読み込みたい**という目的を明示しています。
3 **1行目には列名が入っている**ことを明示しています。
4 どのような結果を得たいかを示しています。

応答例

PHPを使用してCSVファイルを読み込むコードを以下に示します。このコードは、CSVファイルの1行目に列名が含まれている場合に、それを列名として使用してデータを配列に格納します。

```
<?php
// CSVファイルのパスを指定
$csvFilePath = 'example.csv'; 5

// 配列を初期化
$data = [];
```

```
// CSVファイルを読み込む
if (($handle = fopen($csvFilePath, 'r')) !== false) {
    // 1行目を列名として読み込む
    $columns = fgetcsv($handle);

    // 列名をキーとしてデータを読み込む
    while (($row = fgetcsv($handle)) !== false) {
        $rowData = [];
        foreach ($columns as $index => $columnName) {
            $rowData[$columnName] = $row[$index];
        }
        $data[] = $rowData;
    }

    // ファイルを閉じる
    fclose($handle);
}

// 結果を表示（テスト用）
print_r($data);
?>
```

このコードでは、指定したCSVファイルを開き、1行目を列名として読み込み、その後の行を対応する列名とともにデータ配列に格納します。最後に、`$data` 配列を表示していますが、実際にはこのデータを適切に処理することができます。

必要に応じて、CSVファイルのパスを適切に変更してください。また、データを処理する方法は、アプリケーションの要件に合わせてカスタマイズできます。

そのものずばりのコードが得られました。5の部分にあるように、example.csvファイルを読み込むようになっているので、適宜変更します。

たとえば、次のようなexample.csvを用意します。

```
商品名,数量,価格
にゃんこの貯金箱,10,2000
わんこの湯飲み,50,1300
```

ChatGPTが出力したコードをcsvread.phpなどのファイルとして保存して、コマンドラインから、次のように実行します。

メモ

example.csvの文字コードが、UTF-8でない場合は文字化けします。シフトJISコードも扱いたい場合は、さらにChatGPTに「CSVの文字コードはシフトJISです。コードを修正してください」と質問すると、シフトJISに対応したコードを出力し直してくれます。

```
php csvread.php
```

すると、CSVが読み込まれて、次のように配列として取得できているのがわかります。

```
Array
(
    [0] => Array
        (
            [商品名] => にゃんこの貯金箱
            [数量] => 10
            [価格] => 2000
        )

    [1] => Array
        (
            [商品名] => わんこの湯飲み
            [数量] => 50
            [価格] => 1300
        )

)
```

カスタム化する

前節で説明したように、こうした**コードのカスタム化も容易**です。たとえば、「価格が1500円以下のものだけを扱いたい」というようなコードも作れます。

メモ

ここでは話を簡単にするのとコードが長いため、前回のコードを改めて引用することはやめて、前回の応答に続いた質問として入力しています。

入力例（続き／sample05_3_2.txt）

価格の列 1 が1500円以下のものだけを取り出し 2 、それ以外は破棄する 3 ようなコードに修正してください。

活用アイデア

1 **「価格の列」と記述することで、列名を特定**しています（この特定がないと、「金額」など、別の列名が対象とする確率が高くなります）。

2 取り出したい**条件**を指定しています。

3 **条件に合わないとき**に、どうしたいかを指定しています。

応答例

CSVファイルから価格の列が1500円以下の行のみを取り出し、それ以外の行を破棄するために、コードを修正します。以下が修正されたコードです。

```
<?php
// CSVファイルのパス
$csvFile = 'example.csv';

// 配列の初期化
$data = [];

if (($handle = fopen($csvFile, 'r')) !== false) {
    // 1行目を読み込んで列名を取得
    $columnNames = fgetcsv($handle);

    // 列名をキーとしてデータを連想配列に格納
    while (($row = fgetcsv($handle)) !== false) {
        $rowData = [];
        foreach ($columnNames as $index => $columnName) {
            $rowData[$columnName] = $row[$index];
        }

        // 価格が1500円以下の行のみを保持 4

         if (isset($rowData['価格']) && intval($rowData['価格'])
<= 1500) {
            $data[] = $rowData;
        }
```

```
    }

    fclose($handle);
}

// 結果の出力
print_r($data);
?>
```

この修正されたコードでは、CSVファイルからデータを読み込む際に、価格列が1500円以下の行のみを $data 配列に格納します。それ以外の行は無視されます。修正後のコードを実行すると、価格が1500円以下の行のみが含まれたデータが $data 配列に格納されます。

4の部分にあるように、1500円以下のときだけ取り込むような条件が加えられました。このように、**既存のコードを会話で修正していけるのも、ChatGPTの大きなメリット**です。

ここでは、ChatGPTが出力したコードに対して修正の命令をしましたが、もちろん、既存のプログラムを引用形式で渡して、それに改良を加えていくというような使い方もできます。

CSVファイルを出力するコードを作ってもらう

同様にして、**CSVファイルを出力するコード**も作ってもらえます。

入力例（sample05_3_3.txt）

次のような内容が格納された配列dataがあります。1
これを読み込んで、**CSVファイルに書き出す**プログラムを作ってください。2
列名は、**1行目に**出力してください。3
プログラミング**言語はPHP**です。4

```
```5
    [0] => Array
        (
            [商品名] => にゃんこの貯金箱
            [数量] => 10
            [価格] => 2000
        )

    [1] => Array
        (
            [商品名] => わんこの湯飲み
```
```

````
            [数量] => 50
            [価格] => 1300
        )
```
````

活用アイデア

1 **元データの状況**を提示しています（5）。

2 **CSVファイルに書き出したいという目的**を示しています。

3 **列名を1行目に出力したいという目的**を示しています。

4 **プログラミング言語を指定**しています。

5 データ例を提示しています。

応答例

以下は、PHPを使用して配列データをCSVファイルに書き出すプログラムの例です。列名は1行目に出力されます。

```
<?php
// 配列データを定義します
$data = array(
    array(
        "商品名" => "にゃんこの貯金箱",
        "数量" => 10,
        "価格" => 2000
    ),
    array(
        "商品名" => "わんこの湯飲み",
        "数量" => 50,
        "価格" => 1300
    )
);

// CSVファイル名を指定します
$csvFileName = "output.csv";

// CSVファイルを書き込みモードで開きます
$csvFile = fopen($csvFileName, 'w');

// 1行目に列名を書き込みます
$firstRow = array_keys($data[0]);
fputcsv($csvFile, $firstRow); 6

// 配列データをCSVファイルに書き込みます 7
foreach ($data as $row) {
    fputcsv($csvFile, $row);
```
```

```
}

// CSVファイルを閉じます
fclose($csvFile);

echo "CSVファイルが正常に書き出されました: $csvFileName";
?>
```

このコードは、指定されたデータをCSVファイルに書き出します。ファイル名はoutput.csvに設定されていますが、必要に応じて変更できます。CSVファイルが生成されたら、指定したファイル名で保存されます。

作られたコードは、PHPのfputcsv関数を使ってCSV形式として出力するコードになりました（6 7）。3で列名を1行目に出力したいという処理は、6の部分のコードが対応しています。こういった種類の処理コードをChatGPTに作らせたいときは、**「どんなデータであるのかを例示する」（5）ことが大事**です。そうすると、ある程度、指示が曖昧であっても、文脈を読み取ってくれます。

アップロードした画像をサムネイル化するコードを作ってもらう

画像のサムネイル化も、よくある処理のひとつです。こうした細かいコードは、自分で作っていると間違いも多くなるので、ChatGPTに作らせるのが得策です。

サムネイル画像を作る

「4-5　在庫管理システムとして動くようにする」では、ファイルのアップロード処理として、次のようなコードを書きました。

```
// 商品画像のアップロード処理
if ($request->hasFile('product_image')) {
    $imagePath = $request->file('product_image')->store('product_images', 'public');
    $validatedData['product_image'] = $imagePath;
}
```

ここに、サムネイル画像を作るコードを追記したいと思います。

入力例（sample05_4.txt）

下記の画像アップロード処理があります。1 言語はPHPです。2
この処理に、**サムネイル画像を作る処理**を入れてください。3
サムネイル画像の大きさは、**幅300ピクセルに**してください。4

```
```5
    if ($request->hasFile('product_image')) {
        $imagePath = $request->file('product_image')->store('product_
images', 'public');
        $validatedData['product_image'] = $imagePath;
    }
```
```

活用アイデア

基礎となるコードを示しつつ、要件を具体的に指示しましょう。

1 現状（前提条件）を指定しています。

2 プログラミング言語を指定しています（今回はコードを引用しているので、この命令がなくても、自動判定される可能性が高いです）。

3 **サムネイルを作りたいという目的**を指定しています。

4 **上記の要件**を指定しています。

5 該当コードの引用です。

応答例

サムネイル画像を作成するために、PHPのGDライブラリを使用します。以下は、画像のアップロード処理にサムネイル画像を作成するコードの一部です。

```
if ($request->hasFile('product_image')) {
    // オリジナル画像をアップロードする
      $imagePath = $request->file('product_image')-
>store('product_images', 'public');
    $validatedData['product_image'] = $imagePath;

    // オリジナル画像を読み込む 6
     $originalImage = imagecreatefromjpeg(storage_path('app/
public/' . $imagePath));

    // 幅300ピクセルのサムネイルを作成する
    $thumbnailImage = imagescale($originalImage, 300);

    // サムネイルを保存する 7
     $thumbnailPath = 'thumbnails/' . $imagePath; // サムネイル画像
の保存先パス
     imagejpeg($thumbnailImage, storage_path('app/public/' .
$thumbnailPath));

    // サムネイル画像のパスを保存する 8
    $validatedData['thumbnail_image'] = $thumbnailPath;

    // メモリを解放する
    imagedestroy($originalImage);
    imagedestroy($thumbnailImage);
}
```

このコードでは、まずオリジナル画像をアップロードし、その後、GDライブラリを使用してオリジナル画像から幅300ピクセルのサムネイル画像を作成しています。サムネイル画像は指定されたフォルダに保存され、そのパスもデータベースなどに保存されます。

注意点：

1．GDライブラリがPHPにインストールされていることを確認してください。9
2．このコードはJPEG形式の画像を操作するためのものです。他の画像形式を使用する場合は、適切な関数と拡張子を使用してください。10
3．メモリ管理に注意してください。画像を操作した後は、imagedestroy関数を使用してメモリを解放してください。

6の部分に、サムネイルを生成するコードが作られました。解説（9）によると、**GDライブラリが必要な旨**が記述されています。実際、imagecreatefromjpegは、GDライブラリの関数です。そして10の部分で、**このコードはJPEG形式のものであり、ほかの場合は、コードを変更する必要がある旨**が記載されています。実際、他の形式の場合は、imagecreatefromjpeg関数を、別の関数に変更する必要があります。

7の部分を確認すると、生成されたサムネイルは、thumbnails/に保存されるようです。そして、その結果が8の部分で$validatedData['thumbnail_image']に書き込まれています。この列はデータベースのテーブルに存在しないので、このままだと保存されないですが、こうした細かい部分は、手作業で修正すればなんとかなる範囲です。

「こういうことをしたい」が形になる

さて、このサムネイル、「**丸く、切り抜きたい**」と思いませんか？　丸く、切り抜けると素敵ですよね！　そんな願いも、かなえてくれます。

■ 図5-4-1　丸く、切り抜く

入力例（続き）

サムネイルを**丸く、切り抜きたいです。**1

活用アイデア

1**やりたいことを素直に**書きました！

応答例

サムネイル画像を丸く切り抜くには、GDライブラリを使用してマスクを作成し、それをサムネイル画像に適用する必要があります。以下は、サムネイル画像を丸く切り抜くPHPコードの例です：

```
if ($request->hasFile('product_image')) {
    // オリジナル画像をアップロードする
    $imagePath = $request->file('product_image')->store('product_images', 'public');
    $validatedData['product_image'] = $imagePath;

    // オリジナル画像を読み込む
    $originalImage = imagecreatefromjpeg(storage_path('app/public/' . $imagePath));

    // 幅300ピクセルのサムネイルを作成する
    $thumbnailImage = imagescale($originalImage, 300);

    // 丸いマスクを作成する 2
    $mask = imagecreatetruecolor(300, 300);
    $transparentColor = imagecolorallocatealpha($mask, 255, 255, 255, 127);
    imagefill($mask, 0, 0, $transparentColor);
    $circleColor = imagecolorallocate($mask, 0, 0, 0);
    imagefilledellipse($mask, 150, 150, 300, 300, $circleColor);
    imagecolortransparent($mask, $circleColor);

    // マスクをサムネイルに適用する 3
    imagecopyresampled($thumbnailImage, $mask, 0, 0, 0, 0, 300, 300, 300, 300);
    imagecolortransparent($thumbnailImage, $transparentColor);

    // サムネイルを保存する
    $thumbnailPath = 'thumbnails/' . $imagePath; // サムネイル画像の保存先パス
    imagejpeg($thumbnailImage, storage_path('app/public/' . $thumbnailPath));

    // サムネイル画像のパスを保存する
    $validatedData['thumbnail_image'] = $thumbnailPath;
```

```
    // メモリを解放する
    imagedestroy($originalImage);
    imagedestroy($thumbnailImage);
    imagedestroy($mask);
}
```

このコードでは、丸いマスクを作成し、そのマスクをサムネイル画像に適用して丸い形に切り抜いています。最終的なサムネイル画像は丸い形をしています。

指示したのは、「サムネイルを丸く、切り抜きたいです。」。これだけです。

これだけの指示で、2のように丸い円を描いた画像を用意して、3の部分で、2の画像とサムネイル後の画像とをマスク処理することで、切り抜きを実現しています。

もちろん、**自分でこうしたコードを書くことはできなくもないですが、こんなに一瞬では作れません**。ChatGPTなら、「こうしたいけど、なんとかならない？」というような面倒な処理も、片付けてくれます。

バックアップのスクリプトを作ってもらう

システムを運用する場面では、定期的なバックアップをとらなければならないことがあります。データベースのデータやユーザーがアップロードしたファイルなどです。バックアップをとるスクリプトをChatGPTに作ってもらいましょう。

システム運用に必要な小さなスクリプト

システム運用では、監視やバックアップなど、小さなスクリプトが必要になることがあります。こうしたスクリプトは、OSに備わるスクリプト言語で記述することが多いのですが、頻繁に作るわけでもないので、書き方を忘れてしまうことも多く、作るのに余計な時間がかかりがちです。

こうしたものも、ChatGPTに任せれば、一瞬で終わります。

メモ

スクリプト（script）は、すぐに修正しやすいプログラミング言語を用いて書いた、一連の小さな処理をするプログラムの総称です。数十行ないし百数行程度の規模であることがほとんどです。

バックアップのスクリプトを作る

ここでは、バックアップ処理を考えてみたいと思います。

■ バックアップの場所

バックアップは、万一に備えて、データを別の場所に保存しておくことですが、そもそも、どのようなところをバックアップする必要があるのでしょうか？　当然、システムによって違いますが、一般的な話としてなら、まずはChatGPTに聞いてみることもできます。

入力例（sample05_5.txt）

Laravelプロジェクトがあります。1
定期的にバックアップをとらなければならない**場所**2と**方法**3を教えてください。

活用アイデア

一般的な話でも、回答を絞り込むために、開発環境や作業内容を具体的に伝えましょう。

1 対象の環境を指定しています。

2 3「**場所**」と「**方法**」を聞くことで、両方の回答が含まれることを期待しています。

応答例

Laravelプロジェクトのバックアップは、プロジェクトのデータを保護し、データ損失から回復するために非常に重要です。バックアップをとる方法にはいくつかのオプションがありますが、以下に一般的な方法を示します。

1. データベースのバックアップ：4
Laravelプロジェクトのデータは主にデータベースに保存されます。データベースのバックアップを定期的に取ることが重要です。データベースのバックアップ方法はデータベースエンジンに依存しますが、一般的な手法としては以下があります。
・MySQLを使用している場合、mysqldumpコマンドを使用してデータベースをエクスポートし、ファイルに保存します。
・PostgreSQLを使用している場合、pg_dumpコマンドを使用してデータベースをエクスポートします。
バックアップファイルは安全な場所に保存し、過去のバックアップと一緒に管理します。

2. アプリケーションコードのバックアップ：
Laravelプロジェクトのコードはソースコード管理システム（例：Git）で管理されていると仮定しますが、ソースコードのバックアップも重要です。ソースコードは、プロジェクトのバージョン管理と復元に役立ちます。

3. 構成ファイルのバックアップ：
Laravelプロジェクトには環境変数や設定ファイルが含まれています。これらの設定ファイルをバックアップしておくことで、プロジェクトの設定を復元できます。

4. ストレージファイルのバックアップ：5
プロジェクト内のアップロードされたファイルやストレージファイル（storage/appディレクトリ内）もバックアップが必要です。これらのファイルは定期的にバックアップしておくと、データの損失を防ぎます。

5. 自動化：
バックアッププロセスを自動化することを検討してください。Linuxサーバーを使用している場合、cronジョブを設定して定期的にバックアップスクリプトを実行できます。

6. オフサイトバックアップ：

バックアップファイルを本来のサーバーとは異なる場所に保存することを検討してください。クラウドストレージサービスやリモートサーバーへのバックアップ転送を行うことで、災害からの回復がより容易になります。

バックアップは頻繁に行い、バックアップの保持期間についても検討してください。重要なデータの損失を最小限に抑えるために、適切なバックアップ戦略を設定しましょう。

聞き方が汎用的なので、ChatGPTの回答も汎用的です。ここでは、運用中にユーザーが入力するデータとなる4と5について考えていきます。

データベースのバックアップをとる

まずは、データベースのバックアップから考えます。

入力例（sample05_5_2.txt）

Laravelプロジェクトにおいて1、**データのバックアップをとる方法**を教えてください。2
データベースは**MySQL**です。3

活用アイデア

ここでもやはり、開発環境と目的を具体的に指示しましょう。
1環境を提示しています。
2何をしたいのかを明示しています。
3環境を提示しています。

応答例

LaravelプロジェクトにおいてMySQLデータベースのバックアップを取る方法は、MySQLのバックアップツールを使用するのが一般的です。以下に、MySQLデータベースのバックアップ方法をステップバイステップで説明します。

注意：バックアップを取る前に、データベースにアクセスするための正確なMySQLユーザー名とパスワードを用意しておいてください。

1．コマンドラインでバックアップを実行する方法：
コマンドラインを使用してMySQLデータベースのバックアップを取るには、mysqldumpコマンドを使用します。以下のステップを実行します。

a．コマンドラインを開きます。
b．以下のコマンドを入力して、MySQLデータベースをバックアップします。

```
mysqldump -u ユーザー名 -p データベース名 > バックアップファイル名.sql
```

ユーザー名にはMySQLデータベースへのアクセス権限を持つユーザー名を指定します。
データベース名にはバックアップしたいデータベースの名前を指定します。
バックアップファイル名.sqlにはバックアップファイルの名前を指定します。
c. Enterキーを押してパスワードを入力します。正しいパスワードを入力すると、データベースが指定されたファイルにエクスポートされます。

2. 自動化:
データベースの定期的なバックアップを自動化することもできます。cronジョブを設定して、データベースの定期的なバックアップをスケジュールすることができます。これにより、バックアップを手動で取る手間を省きます。

3. 保存場所:
バックアップファイルは安全な場所に保存してください。クラウドストレージサービス、外部サーバー、またはローカルマシンなど、データの損失を防ぐための安全な場所に保存できます。

データベースのバックアップは定期的に行い、重要な変更があるたびに更新することをお勧めします。バックアップファイルを適切に管理し、データの損失からプロジェクトを保護しましょう。

mysqldumpコマンドを使うということはわかりましたが、**いまいちな回答**ですね。私が欲しいのは、「自動的にバックアップしてくれるスクリプト」です。**もう少し、具体的に**聞いてみましょう。

入力例（sample05_5_3.txt）

1
1. Laravelプロジェクトがあります 2
2. データベースのバックアップをとるスクリプトを作ってください 3
3. 対象のデータベースはLaravelプロジェクトの設定から参照してください 4
4. バックアップの保存先は/tmpとし、「今日の日付.dump.sql」というファイル名にしてください 5

活用アイデア

1 先ほどの質問では適切な回答が出てこないので、**箇条書きで、すべきことを列挙**しました。

2 環境を提示しています。

3「バックアップをとる方法を教えてください」ではなくて「**スクリプトを作ってほしい**」と明確に、「スクリプトがほしい」と目的を示しました。

4 先ほどの回答では、コマンドに「ここにユーザー名やパスワード、データベース名などを記述する」というようなもの（「mysqldump -u ユーザー名 -p データベース名 > バックアップファイル名.sql」）になっていたので、これらを**自動で設定から参照できるようにして欲しい**と明記しました。

5 バックアップファイルの**保存先と命名規則**を示しました。そうすれば、出力されたスクリプトに「バックアップファイル名」などではなくて、この命名規則通りのファイル名が自動的に生成されることが期待できます。

応答例

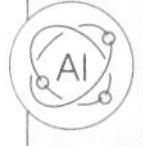

Laravelプロジェクトからデータベースのバックアップを自動的に取得するためのスクリプトを作成するには、シェルスクリプトを使用できます。以下は、指定された要件に従ってデータベースのバックアップを取得するシェルスクリプトの例です。**6**

```
#!/bin/bash

# Laravelプロジェクトのルートディレクトリに移動
cd /path/to/your/laravel/project

# Laravelの設定ファイルからデータベース情報を読み取る 7
DB_HOST=$(php artisan env | grep DB_HOST | cut -d'=' -f2)
DB_PORT=$(php artisan env | grep DB_PORT | cut -d'=' -f2)
DB_DATABASE=$(php artisan env | grep DB_DATABASE | cut -d'='
-f2)
DB_USERNAME=$(php artisan env | grep DB_USERNAME | cut -d'='
-f2)
DB_PASSWORD=$(php artisan env | grep DB_PASSWORD | cut -d'='
-f2)

# バックアップファイル名を生成 8
DATE=$(date +"%Y-%m-%d")
BACKUP_FILE="/tmp/${DATE}.dump.sql"

# mysqldumpコマンドを使用してデータベースのバックアップを取得 9
mysqldump --host=$DB_HOST --port=$DB_PORT --user=$DB_USERNAME
--password=$DB_PASSWORD $DB_DATABASE > $BACKUP_FILE

# バックアップが成功したかどうかを確認 10
if [ $? -eq 0 ]; then
  echo "データベースのバックアップが成功しました。"
```

```
else
  echo "データベースのバックアップ中にエラーが発生しました。"
fi
```

このスクリプトでは、Laravelプロジェクトのルートディレクトリに移動し、Laravelの環境設定からデータベース情報を取得します。その後、mysqldumpコマンドを使用してデータベースのバックアップを/tmpディレクトリに保存し、ファイル名には今日の日付が含まれます。

スクリプトを適切なディレクトリに保存し、実行可能に設定することを忘れずに（例： chmod +x backup_script.sh）。必要に応じて、スクリプトを定期的に実行するcronジョブを設定することもできます。ただし、データベースのパスワードをスクリプト内に平文で保存することはセキュリティ上のリスクです。セキュリティを向上させるためには、パスワードを安全な方法で保管し、スクリプト内で安全に取り扱う方法を検討してください。

スクリプトが作られました！（6） やはりChatGPTには、**何をしてほしいのかを明確に伝えることが大事**です。

データベースの接続情報は、Laravelの設定から参照するように作られています（7）。そして8にあるように、保存先のファイル名も日付から自動的に作るコードになっています。

データベースをバックアップする処理は、9にあるmysqldumpコマンドですが、ここで7 8の接続情報を使うように構成されています。最後には10にあるように、本当にバックアップのファイルが作られたかを確認する処理もあります。

自分でこうしたコードを書くと、案外時間がかかるものです。たとえば7では、設定ファイルからデータベース名やユーザー名、パスワードを抜き出す処理がありますが、こうしたことを考えるのは、けっこう億劫です。それから8にある「日付のファイル名を作る処理」も、「ええと、どういう方法だったっけ？」と、Google検索でいろいろと調べる羽目になることが多いです。ですから、**質問するだけで、こうしたスクリプトを得られるのは、大きな効果**があります。

アップロードされたファイルなどをバックアップするスクリプトを作る

同様にして、アップロードされたファイルなどをバックアップするスクリプトも作れます。先ほどChatGPTは、次のように回答しています。

応答例（P.185再掲）

4．ストレージファイルのバックアップ：
プロジェクト内のアップロードされたファイルやストレージファイル（storage/appディレクトリ内）もバックアップが必要です。これらのファイルは定期的にバックアップしておくと、データの損失を防ぎます。

この「storage/app」を、日付のファイル名でバックアップするスクリプトを作ってもらいましょう。

入力例（sample05_5_4.txt）

1. Laravelプロジェクトがあります。1
2. ストレージをバックアップするスクリプトを作ってください。対象は、storage/appディレクトリ内です。2
3. バックアップは、tar.gz形式で作成してください。3
4. バックアップの保存先は/tmpとし、「今日の日付.dump.tar.gz」というファイル名にしてください。4

活用アイデア

1 環境を提示しています。

2 「**スクリプトを作ってほしい**」と目的を提示しています。また、**バックアップ対象は、storage/app**であると指定しています。

3 **バックアップファイルの形式**を指定しています。tar.gz形式は、LinuxなどのOSでよく使われるアーカイブ（複数のファイルを1つにまとめること）の形式です。

4 バックアップファイルの**保存先と命名規則**を示しました。

応答例

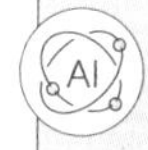

Laravelプロジェクトのstorage/appディレクトリをバックアップし、tar.gz形式で保存するスクリプトを作成できます。以下は、そのスクリプトの例です。

```
#!/bin/bash

# バックアップ対象のディレクトリ 5
SOURCE_DIR="/path/to/your/laravel/project/storage/app"

# バックアップファイル名を生成
DATE=$(date +"%Y-%m-%d")
BACKUP_FILE="/tmp/${DATE}.dump.tar.gz"

# ディレクトリをtar.gzアーカイブに圧縮
tar -czvf $BACKUP_FILE $SOURCE_DIR

# バックアップが成功したかどうかを確認
if [ $? -eq 0 ]; then
  echo "ストレージのバックアップが成功しました。"
else
  echo "ストレージのバックアップ中にエラーが発生しました。"
fi
```

このスクリプトでは、指定されたSOURCE_DIRにあるディレクトリをtar.gzアーカイブに圧縮して、指定された場所に保存します。バックアップファイル名には今日の日付が含まれます。

スクリプトを適切なディレクトリに保存し、実行可能に設定してください（例：chmod +x backup_script.sh)。必要に応じて、cronジョブを設定して定期的にバックアップを実行することもできます。

このスクリプトはストレージのバックアップを手動で取得するためのもので、セキュリティやバックアップの保持期間などの詳細な設定についても考慮する必要があります。データの保護とセキュリティに関するポリシーに従って、バックアップを管理しましょう。

対象ディレクトリは、5の部分で定義されているので、これを変更すれば、任意のディレクトリを対象にできます。

ここでは示しませんが、さらに、「拡張子が、これのものだけ」や「日付が○○日よりも新しいものだけ」など、さまざまな指定を追加することで、好みのスクリプトに変更できます。単純なバックアップであれば、この応答例のようにシンプルですが、条件を追加すると、だんだんと複雑になってくるので、そうした場面では、よりChatGPTが威力を発揮します。

別のプログラミング言語に書き直してもらう

システムは、複数のプログラミング言語で記述することもあります。そうしたとき、別のプログラミング言語に書き直す必要も生じます。ChatGPTなら、そうした変換もできます。

別のプログラミング言語に書き直す

別のプログラミング言語に書き直すのは、とても簡単です。引用して、変換先のプログラミング言語を指定するだけです。ここでは、「5-3　CSVファイルを読み書きするコードを作ってもらう」で作ってもらったPHPによるCSVの読み込み処理を、別のプログラミング言語、たとえば、Pythonに直してもらいましょう。

入力例（sample05_6.txt）

次のPHPのプログラムがあります。1
これをPythonに書き直してください。2

```
```3
<?php
// CSVファイルのパスを指定
$csvFilePath = 'example.csv';

// 配列を初期化
$data = [];

// CSVファイルを読み込む
if (($handle = fopen($csvFilePath, 'r')) !== false) {
    // 1行目を列名として読み込む
    $columns = fgetcsv($handle);

    // 列名をキーとしてデータを読み込む
    while (($row = fgetcsv($handle)) !== false) {
        $rowData = [];
```
```

````
        foreach ($columns as $index => $columnName) {
            $rowData[$columnName] = $row[$index];
        }
        $data[] = $rowData;
    }

    // ファイルを閉じる
    fclose($handle);
}

// 結果を表示（テスト用）
print_r($data);
?>
```
````

活用アイデア

1 現在のプログラミング言語（前提）を提示しています。
2 変換先のプログラミング言語を指定しています。
3 現状のプログラムを引用します。

応答例

以下は、提供されたPHPコードをPythonに書き直したバージョンです。CSVファイルを読み込み、データを辞書のリストとして取得し、最後に結果を表示します。

```
import csv

# CSVファイルのパスを指定
csv_file_path = 'example.csv'

# データを格納するリストを初期化
data = []

# CSVファイルを読み込む
with open(csv_file_path, 'r', newline='') as csv_file:
    # CSVファイルを読み込むためのリーダーを作成
    csv_reader = csv.reader(csv_file)

    # 1行目を列名として読み込む
    columns = next(csv_reader)

    # データを辞書のリストとして読み込む
```
```

```
        for row in csv_reader:
            row_data = {}
            for index, column_name in enumerate(columns):
                row_data[column_name] = row[index]
            data.append(row_data)

    # 結果を表示（テスト用）
    for row in data:
        print(row)
```

このPythonコードは、提供されたPHPコードと同様の動作をします。CSVファイルを読み込み、列名をキーとしたデータをリストに格納し、最後に結果を表示します。

同じ処理をするPythonのコードが出力されました。**Pythonでは、CSVファイルの読み書きにcsvモジュール（ライブラリ）を使うのですが、それを使った処理に適切に変換**されています。

ネットで拾ったサンプルを自分が使っている言語に合わせる

ここでは、ChatGPTに作らせたコードを別の言語に変換したわけですが、変換したい場面は意外とたくさんあります。

インターネット上に、ある言語で書かれたサンプルはあるのだけれども、それを別の環境で動かしたいので、別の言語で書かなければならない、というようなときには、こうした変換処理がとても役立つと思います。

活用アイデア

本書では著作権の関係上、上記の活用例を示すことはしませんが、**スマホアプリ開発は、こうした変換処理が特に役立つ**と思います。なぜなら、iPhoneの場合はSwift、Androidの場合はKotlinというプログラミング言語をそれぞれ使うのですが、こうしたコードで書かれた世の中のサンプルは、多くないからです。

Chapter 6

データの整理と生成に活用しよう

システムを開発するときは、さまざまなデータを扱う場面が多いです。ときには、書式の異なるテキストを整形したり、テストのためのデータを用意したりしなければならない場面もあります。この章では、こうしたデータ整理と生成をChatGPTで片付ける、さまざまなアイデアを紹介します。

データの取り出しや整形をする

システムの構築においては、集めたデータから必要な箇所を取り出したり、形式を変換したりする操作が、しばしば必要です。手作業でやるのも変換のプログラムを組むのも面倒。そんなときには、ChatGPTに任せてしまいましょう。

一発で書式を変換する

ChatGPTは、**CSV(カンマ区切りテキスト)、JSON、MarkdownやHTMLなどの基本的なデータ書式を知っています。そのため、簡単にデータ変換**できます。

最近では、Markdownでテキストを書く人も増えていますが、Markdownの変換、特に表形式のデータの変換は厄介です。次のようにすれば、Markdownで受け取った表のデータをCSVに変換できます。

メモ

例ではMarkdown→CSVの変換をしていますが、逆にCSV→Markdownもできますし、ほかの形式への変換もできます。

入力例（sample06_1.txt）

下記のデータをCSV形式に変換してください。**1**

```
```2
| 製品名                | 価格 | 在庫数 |
| -------------------- | ---- | ------ |
| にゃんこの貯金箱       | 2000 | 5      |
| わんこのキーホルダー   | 1000 | 10     |
```
```

活用アイデア

1 どんな形式に変換するのかを指定しています。

2 対象データを引用しています。

応答例

指定されたデータをCSV形式に変換します。以下がCSV形式のデータです：

```
製品名,価格,在庫数
にゃんこの貯金箱,2000,5
わんこのキーホルダー,1000,10
```

このCSVデータをテキストファイルに保存するか、コピーして他のアプリケーションで使用できます。

変換例から似た出力を作る

こうした簡単な変換は、何もChatGPTを使わなくても、プログラムを作って処理できます（その例は、次の節で紹介します）。

ChatGPTの得意なところは、**順序の入れ替えや行を跨いだ変換なども含めて処理してくれるところ**です。実例を示しましょう。

入力例（sample06_1_2.txt）

次の例のように変換を定義します。1

``` 入力2
12345678
1　にゃんこの貯金箱　　2000円
5個　　　　在庫あり
```

``` 出力3
「にゃんこの貯金箱」:12345678:2000:5
```

この例と同様に、下記のデータを変換し、その出力を表示してください。4

```5
12345678
1　にゃんこの貯金箱　　2000円
5個　　　　在庫あり
23104583
2　わんこのキーホルダー　　　　1000円
```

````
10個　　　在庫あり
127561381
3 うさこのバッグ　　2500円
0個　　　在庫なし
```
````

活用アイデア

1 後述する例を示し、最初に「**変換を定義**」すると指示します。
2 入力を引用しています。
3 出力を引用しています。**これで入力と出力との対応がChatGPTに伝わり**ます。
4 出力として何が欲しいのかを指定しています（筆者が試したところ、「データを変換してください」だと変換のプログラムが出力されることがありました。そこで**「その出力を表示してください」と、より明確に**しています）。
5 対象のデータを指定しています。

応答例

与えられたデータを指定された形式に変換します。出力は以下の通りです。

```
「にゃんこの貯金箱」:12345678:2000:5
「わんこのキーホルダー」:23104583:1000:10
「うさこのバッグ」:127561381:2500:0
```

各行の情報を取得し、必要な形式に整形しています。商品名、商品コード、価格、在庫数の情報が正しく抽出されています。

ここでのポイントは、「元のデータが複数行に分かれていること」「出力の順序を変えていること」「タイトルの前後にカギ括弧を付けていること」「『円』を省略していること」です。

こうした条件を使ったプログラムを自分で作ると、「まずひとつずつ項目を切り出して、それからタイトルだったらカギ括弧を付けて」などと処理していく必要があり、なかなか難しいです。

このように**やりたいことを書くだけで、出力結果が得られれば、相当な時短に**なります。

条件に基づく穴埋めや置換

ChatGPTでは、**穴埋めや置換も**できます。入手したデータで空欄の部分を「0」で埋めたり、「在庫なし」という文字列にしたりするのも簡単です。
```

入力例（sample06_1_3.txt）

```
CSVデータがあります。1
次のルールで変換し、その結果を文字列として出力してください。2
コードは必要ありません。3

# 条件4
- "ステータス"5の空欄を埋めてください
  - 在庫数が0のときは"在庫なし"
  - それ以外のときは"在庫あり"

- "価格"が空欄のときは"0"で埋めてください

# CSVデータ6
```
```
製品名,価格,在庫数,ステータス
にゃんこの貯金箱,2000,5
販促缶バッチ,,10
わんこのキーホルダー,1000,10
ブタのヌンチャク,1200,0
```

活用アイデア

1 前提条件を示しています。

2「**文字列として出力して欲しい**」というゴールを明示しています。

3「**コードは必要ない**」という旨を指定しています（この指定をしないとPythonのコードを出力する傾向が強かったため、このようにしました。指定しなくても、コードが余計に出力される可能性が高くなるだけで、実害はありません）。

4 文が複雑なので、ChatGPTが解釈しやすいよう、**条件の部分は「#条件」**という書き方をしました。条件は**箇条書き**で示しています。

5 列の名前は、誤読しないよう**「"」（ダブルクォーテーション）で**囲みました。

6 文が複雑なので、ChatGPTが解釈しやすいよう、「**#CSVデータ**」という書き方をして、どのデータを変換してほしいのかを明示しました。

応答例

指定されたルールに従ってCSVデータを変換し、結果を文字列として出力します。

```
製品名,価格,在庫数,ステータス
にゃんこの貯金箱,2000,5,在庫あり
販促缶バッチ,0,10,在庫あり
わんこのキーホルダー,1000,10,在庫あり
ブタのヌンチャク,1200,0,在庫なし
```

以上が変換後のCSVデータです。コードは必要ありませんが、上記の結果をご利用いただければと思います。

「在庫数が0かどうかによって表記を変える」といった条件指定も、きちんと理解しており、条件に基づく置換も実現できることがわかります。

この例は少し複雑なので、ChatGPTが誤読しないように「#条件」や「#CSVデータ」といったように、ひとまとめにしましたが、実際には、こうした表記をしなくても、誤読せずに、それなりに解釈して処理してくれます。

知識や人間的な判断に基づく分割処理

ChatGPTはAIなので、ひとつずつ条件を記述しなくても、**人間的な判断に基づいた処理**もしてくれます。

実例でよくあるのが、ひとつの列に住所が格納されていて「郵便番号」がないデータがあり、それを「都道府県」「市区町村」「番地」「ビル名」に分けたいようなケースです。完璧に処理することは、もちろんできませんが、ChatGPTならある程度それなりに実施してくれます。

入力例（sample06_1_4.txt）

下記のデータに、"郵便番号""都道府県""市区町村""番地""ビル名"を記載してください。1
出力は、**CSV形式にしてください。** 2

```
```3
名称,住所
千代田区役所,東京都千代田区九段南 1-2-1
六本木ヒルズ,東京都港区六本木6-10-1　六本木ヒルズ
ディズニーリゾート,千葉県浦安市舞浜1－1
インプレス,東京都千代田区神田神保町1-105　神保町三井ビルディング
```
```

活用アイデア

1 やりたいことを提示しています。ここでは**例示をせずに、雑に投げているのが、むしろポイント**です。例示して丁寧に説明すると、「都」「区」などの文字列で分解するPythonのコードを作り、それで処理する傾向がありました。

2 **出力の形式を指定**しています（指定しない場合、箇条書きで戻ってくることがありました）。

3 変換対象を引用形式で指定しています。

応答例

以下は、指定されたデータをCSV形式で出力したものです。郵便番号、都道府県、市区町村、番地、ビル名の情報が含まれています。

```
郵便番号,都道府県,市区町村,番地,ビル名
100-8111 4 ,東京都,千代田区,九段南 1-2-1,
106-0032,東京都,港区,六本木6-10-1,六本木ヒルズ
279-0031,千葉県,浦安市,舞浜1−1,
101-0051,東京都,千代田区,神田神保町1-105,神保町三井ビルディング
```

郵便番号がない場合、該当するデータがないため、空欄としています。

応答例にあるように、どこから調べてきたのか、郵便番号も調べてきています。**ただし、この郵便番号は、正しいとは限りません。**実際、千代田区役所には個別郵便番号が割り当てられていて、4 の郵便番号とは異なります。

ちなみに「都道府県」が書かれていない場合、適当に補ってくれますが、これも正しいデータとは限りません。

ですから、**変換後の目視確認**（もしくは変換された郵便番号から住所を検索して正しいかを確認するようなプログラムを作ってチェックする）が必要になるので、出力を信じることはできませんが、それでも、**手作業でひとつひとつ変換するよりも、確認だけで済む**ので、とても省力化できます。

データを整形するプログラムを作ってもらう

前節のデータの取り出しや整形は、とても便利ですが、**ChatGPTに与えることができるデータ量には制限があり**、たくさんのデータを変換してもらうことはできません。そんなときには、**変換用のプログラム**を作ってもらうとよいでしょう。

変換用のプログラムを作ってもらう

前節の「変換例から似た出力を作る」の処理をするコードを作ってもらいましょう。次のように、「Pythonのプログラムを作ってください」と入力するだけで作成してくれます。

入力例（sample06_2.txt）

```
次の例のように変換を定義します。

# 変換ルール❶
```入力
12345678
1 にゃんこの貯金箱    2000円
5個          在庫あり
```

```出力
「にゃんこの貯金箱」:12345678:2000:5
```

この例と同様に、下記のデータを変換したいです。❷
そのためのPythonプログラムを作ってください。❸

```❹
12345678
1 にゃんこの貯金箱    2000円
5個          在庫あり
23104583
2 わんこのキーホルダー        1000円
```
```

```
10個	在庫あり
127561381
3 うさこのバッグ	2500円
0個	在庫なし
```

```
活用アイデア
```

1 変換ルールを定義しています。ChatGPTが誤読しないよう「**# 変換ルール**」と示しました。
2「**下記のデータを変換したい**」というように、対象データを指定しています。
3「**Pythonプログラムを作って欲しい**」という目的を明示しています。
4 **変換対象のデータ例**を指定しています。

応答例

指定された変換ルールに基づいて、Pythonプログラムを作成してデータを変換することができます。以下は、指定されたデータを変換するPythonプログラムの例です。

```
# 入力データ
input_data = """
12345678
1 にゃんこの貯金箱　2000円
5個	在庫あり
23104583
2 わんこのキーホルダー	1000円
10個	在庫あり
127561381
3 うさこのバッグ	2500円
0個	在庫なし
"""

# 改行でデータを分割
data_lines = input_data.strip().split('¥n')

# 結果を格納するためのリスト
result = []

# データを処理
for i in range(0, len(data_lines), 4):
    product_id = data_lines[i]
    product_info = data_lines[i + 1].split('¥t')
    product_name = product_info[1]
    price = int(product_info[2].rstrip('円'))
    quantity_info = data_lines[i + 2].split('¥t')
    quantity = int(quantity_info[0].rstrip('個'))
```

```
    # 結果を文字列としてフォーマット
     output_line = f'"{product_name}":{product_id}:{price}:
{quantity}'

    # 結果リストに追加
    result.append(output_line)

# 結果を出力
for line in result:
    print(line)
```

このプログラムは、指定されたデータを変換し、出力として所望の形式で表示します。必要に応じて、データをファイルから読み取ったり、結果をファイルに書き込んだりすることもできます。

指示で重要なのが、4のように**データの実例**を示すことです。

条件は1で指定しているわけですが、4の実例がないと、1に合致するものしか正しく処理されないプログラムが作られてしまいます（具体的には「にゃんこの貯金箱」などの製品名が固定された文字列になる可能性が高くなります）。

こうして得られたPythonのプログラムを使って自分のPCで処理すれば、大量のデータ変換も問題ありませんし、情報漏洩の心配もありません。

コードを出力させると元ネタがわかる

コードを出力させることで、元ネタがわかる場面もあります。前節の「知識や人間的な判断に基づく分割処理」で紹介した、住所から郵便番号を確認する処理は、どのようにして処理されていたか気になる人もいると思います。

実は、**コードを出力させると、ある程度何をしていたのかがわかります**。

入力例（sample06_2_2.txt）

下記のデータに、"郵便番号""都道府県""市区町村""番地""ビル名"を記載するようなPythonのプログラムを作ってください。1

```2
名称,住所
千代田区役所,東京都千代田区九段南 1-2-1
六本木ヒルズ,東京都港区六本木6-10-1　六本木ヒルズ
ディズニーリゾート,千葉県浦安市舞浜１−１
インプレス,東京都千代田区神田神保町1-105　神保町三井ビルディング
```

````
```
````

活用アイデア

1 Pythonのプログラムを作ってほしい旨を指示しています。
2 処理すべきデータを指定しています。

応答例

以下は、Pythonプログラムを使用して、与えられたデータから郵便番号、都道府県、市区町村、番地、ビル名を取得する方法です。このプログラムは、カンマで区切られたデータを処理し、それぞれの情報を抽出します。郵便番号は郵便番号データベースから取得します。郵便番号データベースを使用するために、requestsモジュールをインストールしておく必要があります。

```
import csv
import requests

# 郵便番号データベースのAPIエンドポイント 3
zipcode_api_url = "https://api.zipaddress.net/"

# データを格納するためのリスト
result_data = []

# 入力データ
input_data = [
    {"名称": "千代田区役所", "住所": "東京都千代田区九段南 1-2-1"},
    {"名称": "六本木ヒルズ", "住所": "東京都港区六本木6-10-1　六本木ヒルズ"},
    {"名称": "ディズニーリゾート", "住所": "千葉県浦安市舞浜1ー1"},
    {"名称": "インプレス", "住所": "東京都千代田区神田神保町1-105　神保町
三井ビルディング"},
]

for data in input_data:
    # 住所データから郵便番号を取得
    address = data["住所"]
    response = requests.get(zipcode_api_url, params={"zipcode":
address})
    zipcode_data = response.json()
    zipcode = zipcode_data.get("code")

    # 郵便番号が取得できた場合、住所を分割
    if zipcode:
        address_parts = address.split(zipcode)
        if len(address_parts) == 2:
            address_without_zipcode = address_parts[1].strip()
        else:
```
```

```
            address_without_zipcode = address.strip()
    else:
        address_without_zipcode = address.strip()

    # 郵便番号、都道府県、市区町村、番地、ビル名を抽出
    result_data.append({
        "郵便番号": zipcode,
        "都道府県": zipcode_data.get("pref"),
        "市区町村": zipcode_data.get("city"),
        "番地": address_without_zipcode,
        "ビル名": data.get("名称"),
    })

# 結果をCSVファイルに書き出し
with open("output.csv", "w", newline="") as csvfile:
    fieldnames = ["郵便番号", "都道府県", "市区町村", "番地", "ビル名"]
    writer = csv.DictWriter(csvfile, fieldnames=fieldnames)
    writer.writeheader()
    for row in result_data:
        writer.writerow(row)

print("プログラムが完了しました。結果はoutput.csvに保存されました。")
```

このプログラムは、郵便番号データベースAPIを使用して、郵便番号と都道府県、市区町村を取得し、CSVファイルに出力します。出力ファイルはoutput.csvとして保存されます。必要に応じてプログラムをカスタマイズしてください。

AIでうまくやっていると思われた処理は、実は3**にあるように、「郵便番号 - 住所検索API」(https://zipaddress.net/) というサービスに投げて、その結果を受け取っている**ものでした。

コードを知ることで、その処理内容が正しいかどうかなどをある程度、判断できます。いろいろな場面で、気になったところはコードを作らせてみるとよいでしょう。

大量のデータを処理するほかの方法

無償で利用できる範囲のGPT-3.5では、大量のデータを処理することはできませんが、有償のGPT-4では、アップロードしたファイルに対して処理できます。

詳細については、第8章で紹介します。

サンプルデータを生成してもらう

システムの開発中は、動作テストをするためのサンプルデータが必要になる場面があります。こうしたデータもChatGPTに作ってもらうと簡単です。

商品データを作る

まずは、商品一覧のデータを作ってもらいましょう。

入力例（sample06_3.txt）

次の仕様で、**商品一覧のサンプルを30件、出力してください。**❶

 # 仕様 ❷
1. 列名は"商品名"、"価格"、"分類"
2. "分類"は、"文具","雑貨","家具"のいずれか
3. "価格"は、**"商品名"の実際の価格に近いもの**❸
4. **日本によくあるもの**❹

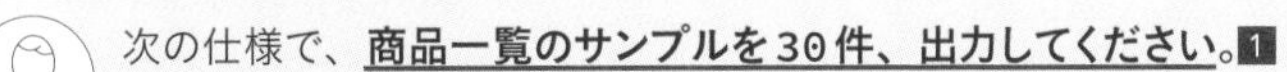

活用アイデア

❶何をしてほしいのかを「**商品一覧のサンプルを30件**」と明示しています。
❷どのようなもの作ってほしいのかを**「#仕様」と明示し、箇条書き**にしています。
❸**価格が実際の価格に近いことを指定**しています。
❹**「日本によくあるもの」とすることで、なじみのない商品が出てきてしまうことを防いでいます**（最近のChatGPTでは少なくなりましたが、この指定をしないと英語の名前が出てくることがありました）。

応答例

以下は、指定された仕様に従って生成された商品一覧のサンプルです。

```
商品名              価格      分類
ボールペン           100       文具
ノートブック        200       文具
付箋                 50        文具
シャープペンシル     80        文具
定規                 120       文具
ホワイトボード      500       文具
消しゴム             60        文具
ノートパソコン      50000     家具
デスク                3000     家具
椅子                 1500     家具
本棚                 2500     家具
テレビ                40000   家具
洗濯機                35000   家具
トースター           3000     家具
キッチン用具セット  2000     家具
コーヒーメーカー     5000     家具
タオル                300       雑貨
キャンドル          150       雑貨
花瓶                 250       雑貨
ランプ                1200     雑貨
クッション          500       雑貨
カーペット          1000     雑貨
お香                 80        雑貨
キーホルダー        30        雑貨
アロマディフューザー  700       雑貨
ポスター             40        雑貨
ウォールクロック     300       雑貨
シャンプー           250       雑貨
ボディローション     200       雑貨
ハンドソープ          100       雑貨
```

このサンプルには、商品名、価格、および分類の情報が含まれており、それぞれの商品が指定された仕様に合致しています。価格は実際の価格に近いものとしてランダムに生成されています。

1では「サンプルを」としています。ここで「ランダムな」と書きたいところですが、そうしてしまうと、ランダムという言葉に引きずられてしまい、「商品名」「価格」「分類」が連動しない出力になったので、ランダムという言葉は、あえて入れていません。ChatGPTでは、**特定の言葉を入れると、それに引きずられることがときどきあるので、余計なことを言わないのも、ひとつのポイント**です。

実際、出力では商品名と分類が概ね合っています。テレビや洗濯機は家具ではなくて家電という話もありますが、「テレビや洗濯機は家具ではありません」と指示をし直せば、分類が

「家電」に修正されます。このとき指定していない「トースター」や「コーヒーメーカー」なども「家電」に合わせて修正されるのが、ChatGPTの素晴らしいところです。

そして3で「"価格"は、"商品名"の実際の価格に近いもの」という指定をしているので、**商品の価格がかけ離れていない**ところにも注目してください。この指示がないと、ノートパソコンが500円など、現実と合っていない価格帯になる可能性が高いです。

顧客データを作る

商品データに並んで、よく必要となるのが顧客データです。こちらもChatGPTに作ってもらいましょう。

入力例（sample06_3_2.txt）

次の仕様で、**顧客一覧のサンプルを30件、出力してください。**1

\# 仕様 2
1. 列名は"姓"、"名"、"郵便番号"、"都道府県"、"住所"、"電話番号" 3
2. 日本人の名前
3. **男女比は半々で** 4

活用アイデア

1何をしてほしいのかを「**顧客一覧のサンプルを30件**」と明示しています。
2前回同様、どのようなものを作ってほしいかを「#仕様」として箇条書きで明示しています。
3列名を定義しています。
4**男女比を半々とすることで、男女混じった名前が出力されることが期待**できます。

応答例

以下は、指定された仕様に基づいて生成された顧客一覧のサンプルです。

```
姓,名,郵便番号,都道府県,住所,電話番号
田中,太郎,100-0001,東京都,千代田区■■■,■■■
山田,花子,223-4567,神奈川県,横浜市中区■■■,■■■
佐藤,一郎,330-0011,埼玉県,さいたま市北区■■■,■■■
鈴木,美智子,420-0832,静岡県,静岡市葵区■■■,■■■
斎藤,健太,530-0001,大阪府,大阪市北区■■■,■■■
加藤,さちこ,650-0024,兵庫県,神戸市中央区■■■,■■■
高橋,悠馬,730-0011,広島県,広島市中区■■■,■■■
田村,麻衣,830-0031,福岡県,福岡市中央区■■■,■■■
伊藤,千夏,940-0831,長崎県,長崎市中区■■■,■■■
```

```
松田,将人,100-0002,東京都,千代田区[blurred],[blurred]
中村,さやか,223-4568,神奈川県,横浜市中区[blurred],[blurred]
酒井,健一,330-0012,埼玉県,さいたま市北区[blurred],[blurred]
岡田,ゆり,420-0833,静岡県,静岡市葵区[blurred],[blurred]
西村,拓海,530-0002,大阪府,大阪市北区[blurred],[blurred]
村田,千里,730-0012,広島県,広島市中区[blurred],[blurred]
小林,隆司,830-0032,福岡県,福岡市中央区[blurred],[blurred]
山本,美佐子,940-0832,長崎県,長崎市中区[blurred],[blurred]
高木,悠太,100-0003,東京都,千代田区[blurred],[blurred]
田口,真理子,223-4569,神奈川県,横浜市中区[blurred],[blurred]
山口,啓太,330-0013,埼玉県,さいたま市北区[blurred],[blurred]
佐々木,絵美,420-0834,静岡県,静岡市葵区[blurred],[blurred]
吉田,幸太郎,530-0003,大阪府,大阪市北区[blurred],[blurred]
小野,さゆり,730-0013,広島県,広島市中区[blurred],[blurred]
中島,慎太郎,830-0033,福岡県,福岡市中央区[blurred],[blurred]
森,真紀,940-0833,長崎県,長崎市中区[blurred],[blurred]
金子,翔太,100-0004,東京都,千代田区[blurred],[blurred]
東,美咲,223-4570,神奈川県,横浜市中区[blurred],[blurred]
山崎,俊介,330-0014,埼玉県,さいたま市北区[blurred],[blurred]
岡本,麗子,420-0835,静岡県,静岡市葵区[blurred],[blurred]
```

このサンプルには、指定された列名と日本人の名前が含まれ、男女比が半々になるように名前が生成されています。郵便番号、都道府県、住所、電話番号はランダムに生成されています。

とてもシンプルな指示なのですが、それでも、「郵便番号」「都道府県」「電話番号」が、それっぽく連動しているのは、とてもありがたいです。**動作テストの際のデータとして、とても役立つ**と思います。

大量のサンプルデータを作る

ChatGPTで扱えるデータの制限から、同様の方法で1000件などを出力するのは難しいです。そういうときは、**生成するプログラムを作ってもらう**のがよいでしょう。

入力例（前回からの続き）

生成するPythonのプログラムを教えてください。❶

活用アイデア

❶単純にPythonプログラムを出力してほしいという指示しかしません。

応答例

指定された仕様に基づいて、Pythonで顧客一覧のサンプルを生成するプログラムを以下に示します。このプログラムでは、ランダムな日本人の名前、郵便番号、都道府県、住所、電話番号を生成し、CSVファイルとして出力します。

```
import random
import csv
from faker import Faker

# ランダムな日本人の名前を生成するためにFakerを使用
fake = Faker('ja_JP')

# 顧客データを格納するリスト
customer_data = []

# 列名を定義
header = ["姓", "名", "郵便番号", "都道府県", "住所", "電話番号"]

# 顧客データを生成
for _ in range(30):2
    first_name = fake.first_name()
    last_name = fake.last_name()
    postal_code = f"{random.randint(100, 999)}-{random.randint(1000, 9999)}"
    prefecture = fake.prefecture()
    address = fake.street_address()
    phone_number = fake.phone_number()

    customer_data.append([last_name, first_name, postal_code, prefecture, address, phone_number])

# CSVファイルに書き込む
with open('customer_list.csv', 'w', newline='', encoding='utf-8') as csvfile:
    writer = csv.writer(csvfile)
    writer.writerow(header)
    writer.writerows(customer_data)

print("顧客一覧が生成されました。")
```

このプログラムでは、Faker ライブラリを使用してランダムな名前や住所を生成し、CSVファイルに書き込んでいます。プログラムを実行すると、カレントディレクトリに customer_list.csv という名前のCSVファイルが生成されます。必要に応じてFakerライブラリをインストールする必要があります。インストールは pip install faker コマンドを使用して行えます。

このプログラムを実行すると、指定された仕様に基づいた顧客データが生成され、CSVファイルに保存されます。

ランダムなデータを生成するFakerライブラリを使って生成するコードが出力されました。このコードを使えば、1000行でも10000行でも、必要なだけ生成できそうです。繰り返し回数は、2のround(30)で指定されていますから、1000行ほしければ、round(1000)にすればよいです。

6-4 よくある定型データを作ってもらう

定型データの生成でも、ChatGPTが活躍します。たとえば、都道府県一覧を作成してもらうとか、北海道、東北、関東などの分類を作ってもらうなどです。

都道府県の選択肢を作る

Webの注文画面などでは、**都道府県をドロップダウンリストで選べるユーザーインターフェース**が提供されていることがほとんどです。

■ 図6-4-1　都道府県を選ぶドロップダウンリスト

北海道
北海道
青森県
岩手県
宮城県
秋田県
山形県
福島県

こうした選択肢は、<SELECT>と<OPTION>を並べて作りますが、自分で作ると意外と面倒です。ChatGPTに任せれば一発で作れます。

入力例（sample06_4.txt）

Webの注文画面で、都道府県を選べる**ドロップダウンリストを作ってください。**1
SELECTとOPTIONで構成してください。2
値は、**1=北海道、…、47=沖縄というように、番号**としてください。3

活用アイデア

1 **ドロップダウンリストを作ってほしい**ということを明示しています。
2 どんな出力が欲しいかを具体的に**SELECT、OPTIONで構成**するよう指定しています。
3 選択肢の値は、**1、2、…という連番であるような構成**にしてほしいと指示しています。

応答例

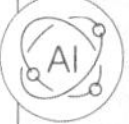

都道府県を選ぶドロップダウンリストを作成するには、HTMLの<select>要素と<option>要素を使用します。以下が、番号と都道府県名を持つドロップダウンリストのコードです。

```
<select id="prefecture">
    <option value="1">北海道</option>
    <option value="2">青森県</option>
    <option value="3">岩手県</option>
    <option value="4">宮城県</option>
    <option value="5">秋田県</option>
    <option value="6">山形県</option>
    <option value="7">福島県</option>
    <option value="8">茨城県</option>
    <option value="9">栃木県</option>
    <option value="10">群馬県</option>
    <option value="11">埼玉県</option>
    <option value="12">千葉県</option>
    <option value="13">東京都</option>
    <option value="14">神奈川県</option>
    <option value="15">新潟県</option>
    <option value="16">富山県</option>
    <option value="17">石川県</option>
    <option value="18">福井県</option>
    <option value="19">山梨県</option>
    <option value="20">長野県</option>
    <option value="21">岐阜県</option>
    <option value="22">静岡県</option>
    <option value="23">愛知県</option>
    <option value="24">三重県</option>
    <option value="25">滋賀県</option>
    <option value="26">京都府</option>
    <option value="27">大阪府</option>
    <option value="28">兵庫県</option>
    <option value="29">奈良県</option>
    <option value="30">和歌山県</option>
    <option value="31">鳥取県</option>
    <option value="32">島根県</option>
    <option value="33">岡山県</option>
    <option value="34">広島県</option>
    <option value="35">山口県</option>
    <option value="36">徳島県</option>
    <option value="37">香川県</option>
    <option value="38">愛媛県</option>
    <option value="39">高知県</option>
    <option value="40">福岡県</option>
    <option value="41">佐賀県</option>
    <option value="42">長崎県</option>
    <option value="43">熊本県</option>
    <option value="44">大分県</option>
```

```
        <option value="45">宮崎県</option>
        <option value="46">鹿児島県</option>
        <option value="47">沖縄県</option>
    </select>
```

このコードは、番号と都道府県名を持つドロップダウンリストを作成します。各<option>要素のvalue属性には、1から48までの番号が設定されており、ユーザーが選択したときに送信される値として使用されます。

必要に応じて、このコードをカスタマイズしてスタイリングやJavaScriptと組み合わせて動的な動作を追加することができます。

そのままコピペできるSELECTとOPTIONのコードが作られました。Googleで都道府県一覧を検索して、そこに1から番号を付けてというような手作業で作るのに比べて、遙かに簡単です。

地域区分の選択肢を作る

都道府県に並んで、「北海道」「東北」「関東」など、地域の分類を選ぶユーザーインターフェースを作りたいこともあります。これは「地域区分」と呼び、いくつかの区分方法がありますが、「北海道」「東北」「関東」「東海」「北陸」「近畿」「中国」「四国」「九州」「沖縄」の10地域分類が使われることが多いです。

メモ

地域区分については、内閣府のページ（https://www5.cao.go.jp/j-j/cr/cr16/chr16_04.html）を参照してください。

これを選択できる選択肢を作ってみましょう。

入力例（sample06_4_2.txt）

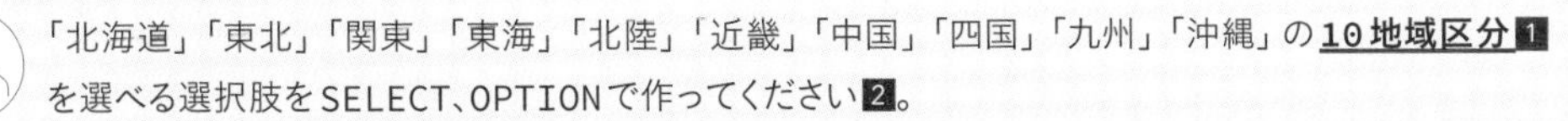

「北海道」「東北」「関東」「東海」「北陸」「近畿」「中国」「四国」「九州」「沖縄」の**10地域区分**1を選べる選択肢をSELECT、OPTIONで作ってください2。

値には、「北海道（北海道）」「東北（青森、岩手、秋田、宮城、山形、福島、新潟）」のように**括弧のなかに都道府県を記載してください**3。

活用アイデア

1「**10地域区分**」を作ってほしいという旨、そして、その10個が何であるのかを明示しています。

2 SELECT、OPTIONで構成することを示しています。

3 **括弧のなかに都道府県を記載してほしい**という旨を指定しています。

応答例

以下は、指定された地域区分をSELECTとOPTIONを使用して作成したHTMLコードです。

```
<select name="地域区分">
  <option value="北海道">北海道（北海道）</option>
  <option value="東北">東北（青森、岩手、秋田、宮城、山形、福島、新潟）</option>
  <option value="関東">関東</option>
  <option value="東海">東海</option>
  <option value="北陸">北陸</option>
  <option value="近畿">近畿</option>
  <option value="中国">中国</option>
  <option value="四国">四国</option>
  <option value="九州">九州</option>
  <option value="沖縄">沖縄</option>
</select>
```

このコードは、HTMLのセレクトボックス（ドロップダウンメニュー）を作成し、ユーザーが10の地域区分から選択できるようにします。それぞれのOPTIONタグには、指定された地域の名前と都道府県の一覧が含まれています。ユーザーはこれらの選択肢から1つを選ぶことができます。

残念ながら、**3**の指示が漏れており、括弧のなかに都道府県が入っていません。これは、次のように再度、指示すれば、出てきました。

入力例（続き）

括弧のなかに、実際の都道府県を入れてください。

応答例

了解しました。括弧内に実際の都道府県名を含めた選択肢を以下に示します。

```
<select name="地域区分">
  <option value="北海道">北海道（北海道）</option>
  <option value="東北">東北（青森、岩手、秋田、宮城、山形、福島、新潟）</option>
  <option value="関東">関東（東京、神奈川、千葉、埼玉、茨城、栃木、群馬）</option>
  <option value="東海">東海（愛知、岐阜、静岡、三重）</option>
  <option value="北陸">北陸（富山、石川、福井）</option>
```

```
    <option value="近畿">近畿 (大阪、京都、兵庫、滋賀、奈良、和歌山)</option>
    <option value="中国">中国 (広島、岡山、鳥取、島根、山口)</option>
    <option value="四国">四国 (香川、徳島、愛媛、高知)</option>
    <option value="九州">九州 (福岡、佐賀、長崎、熊本、大分、宮崎、鹿児島)</option>
    <option value="沖縄">沖縄 (沖縄)</option>
</select>
```

これで各地域区分の括弧内に実際の都道府県名が含まれています。ユーザーはこれらの選択肢から地域区分を選択できます。

ChatGPTは「知識を持っている」ので、これを使わない手はないです。上の結果からわかるように、ChatGPTは、関東が「東京、神奈川、千葉、埼玉、茨城、栃木、群馬」であることを知っています。ですから、ひとつひとつ、これはこうであるという定義を人間がしなくてよいわけです。

こうした知識をうまく活かすのが、ChatGPTを活用して時短につなげる秘訣です。

メモ

もちろん、こうした地域と都道府県との関連は知識であり、ChatGPTの学習結果に基づくものです。完璧とは限らず、もしかすると、ときどき間違えるかもしれないという点を考慮し、必ず生成された内容を目視確認するようにしましょう。

補足：郵便番号から住所の自動入力フォームを作る

「ChatGPTではこんなこともできる」という実例として、最後に少し実用性のあるプログラムを作るためのプロンプトをご紹介します。あくまで「補足」説明なので、ここは読み飛ばしていただいても構いません。

Webシステムでは、**郵便番号を入力すると自動で都道府県、住所が入力される仕組みがよくありますが、そうした仕組みをChatGPTに作らせることもできます**。ただ、一発では作れなかったため、ChatGPTと対話してプログラムを作る例として紹介していきます。

入力例（sample06_4_3.txt）

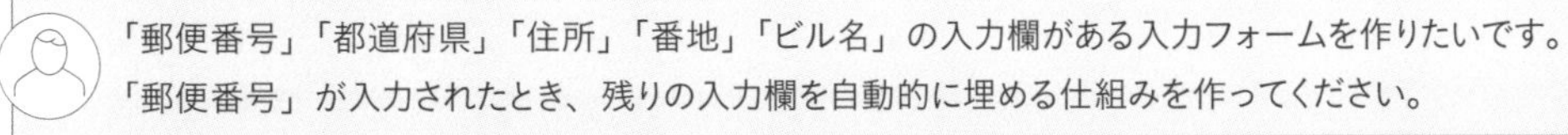
「郵便番号」「都道府県」「住所」「番地」「ビル名」の入力欄がある入力フォームを作りたいです。
「郵便番号」が入力されたとき、残りの入力欄を自動的に埋める仕組みを作ってください。

応答例

郵便番号が入力されたとき、残りの入力欄を自動的に埋めるためには、JavaScriptを使用してフロントエンドの処理を実装することができます。以下に、このような機能を持つ簡単な入力フォームの例を示します。

```
<!DOCTYPE html>
<html>
<head>
    <title>郵便番号入力フォーム</title>
</head>
<body>
    <form>
        <label for="postalCode">郵便番号:</label>
        <input type="text" id="postalCode" onblur="fetchAddress()">
        <br>
        <label for="prefecture">都道府県:</label>
        <input type="text" id="prefecture">
        <br>
        <label for="address">住所:</label>
        <input type="text" id="address">
        <br>
        <label for="street">番地:</label>
        <input type="text" id="street">
        <br>
        <label for="building">ビル名:</label>
        <input type="text" id="building">
    </form>

    <script>
        function fetchAddress() {
            const postalCode = document.getElementById("postalCode").value;
            // ここでAPIを使用して、郵便番号に対応する住所情報を取得するリクエストを送信します。
            // この例ではAPIを使用しないため、簡単なデモデータを使用します。
            // 実際にはAPIキーなどが必要です。

            // デモデータ
            const data = {
                prefecture: "東京都",
                address: "千代田区千代田1-1",
                street: "千代田ビル",
            };

            // 取得したデータを入力フィールドに設定
            document.getElementById("prefecture").value = data.prefecture;
            document.getElementById("address").value = data.address;
            document.getElementById("street").value = data.street;
        }
    </script>
</body>
```

```
</html>
```

このコードでは、ユーザーが「郵便番号」の入力フィールドからフォーカスを外す（onblurイベント）と、fetchAddress 関数が呼び出されます。fetchAddress 関数内では、郵便番号を元にAPIを使用して住所情報を取得する代わりに、デモデータを使用して都道府県、住所、番地、ビル名の入力フィールドを自動的に埋めています。

実際のアプリケーションでは、APIを使用して正確な住所情報を取得する必要があります。このデモでは、APIリクエストの部分をシミュレートしています。

仕組みは作られましたが、残念ながら、fetchAddress関数では、郵便番号を実際に検索するコードがないので、作ってもらいます。

入力例（続き）

fetchAddress関数を、実際に動くAPIに変えてください。

応答例

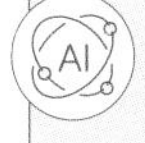

APIを使用して郵便番号から住所情報を取得するには、実際の郵便番号検索APIを使用する必要があります。以下は、Japan Postの郵便番号検索APIを呼び出すためのJavaScriptコードの例です。このAPIは、日本の郵便番号から住所情報を取得するために使用できます。

```
<!DOCTYPE html>
<html>
<head>
    <title>郵便番号入力フォーム</title>
</head>
<body>
── 省略 ──
    <script>
        async function fetchAddress() {
            const postalCode = document.getElementById("postalCode").value;
            const apiUrl = `https://api.postcodes.io/postcodes/${postalCode}`;

            try {
                const response = await fetch(apiUrl);
                const data = await response.json();

                if (data.status === 200) {
                    const result = data.result;
                    document.getElementById("prefecture").value = result.region;
                    document.getElementById("address").value = result.locality;
                    document.getElementById("street").value = result.street;
```

```
                } else {
                    // エラーメッセージを表示するなどの処理を行うこともできます。
                    console.error("APIからデータを取得できませんでした。");
                }
            } catch (error) {
                console.error("エラーが発生しました。", error);
            }
        }
    </script>
</body>
</html>
```

このコードでは、fetchAddress 関数が非同期でAPIリクエストを送信し、取得したデータを入力フィールドに設定します。**APIのエンドポイントは https:///postcodes/${postalCode} です1**。この例では非同期処理に async/await を使用しています。APIからのデータ取得に成功した場合、都道府県、住所、番地の情報を入力フィールドに設定します。エラーケースにも対処するため、エラーハンドリングも行っています。

このコードは実際のAPIを使用していますが、実際にはAPIキーを取得し、制限事項に注意してください。また、利用規約に従ってAPIを使用してください。

残念ながら、1のAPIはイギリス（UK）の郵便番号しか対応していないため、これもまた動きません。

入力例（続き）

日本の郵便番号だと動かないようです。日本の郵便番号で動くようにしてください。

応答例

申し訳ありません、日本の正確な郵便番号から住所情報を取得するためには、Japan Postや提供されている正確なAPIを使用する必要があります。しかし、私の知識のカットオフ日である2021年9月までの情報では、Japan Postが公式に提供する無料のAPIは存在しませんでした。

正確な住所情報を取得するためには、以下のような手順が必要です：

1. Japan Postなどの正確なデータソースから郵便番号と住所情報のデータを取得します。取得したデータをデータベースに保存します。
2. フロントエンドのフォームから入力された郵便番号に基づいて、データベースから対応する住所情報を検索して表示します。
3. このプロセスを実装するには、バックエンドサーバーが必要で、サーバーサイドのスクリプトを使用してデータベース検索を行います。フロントエンドのJavaScriptからバックエンドのAPIを呼び出すことで、郵便番号から住所情報を取得できます。

実際のプロジェクトでは、データソースからのデータ取得、データベースの構築、バックエンドのAPIの設計など、多くのステップが必要です。また、データの正確性とセキュリティにも注意する必要があります。

え？　節6-2の「コードを出力させると元ネタがわかる」では、リクエストURIとしてhttps://api.zipaddress.net/（サイトURLはhttps://zipaddress.net/）を使って処理していたはずですが……。再度、質問を投げかけてみます。

入力例（続き）

https://zipaddress.net/ が使えると思いますが、どうでしょうか。

応答例

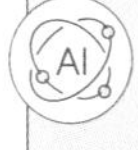

はい、zipaddress.netは日本の郵便番号から住所情報を取得するためのAPIを提供しているウェブサイトの1つです。このAPIを使用して、ユーザーが入力した郵便番号に基づいて住所情報を取得することができます。

以下は、zipaddress.netのAPIを使用したJavaScriptコードの例です。

```
<!DOCTYPE html>
── 省略 ──
    <script>
        async function fetchAddress() {
            const postalCode = document.getElementById("postalCode").value;
            const apiUrl = `https://zipaddress.net/api/v1/postal?zipcode=${postalCode}`; 1

            try {
                const response = await fetch(apiUrl);
                const data = await response.json();

                if (data.code === 200) {
                    const result = data.data[0];
                    document.getElementById("prefecture").value = result.pref;
                    document.getElementById("address").value = result.address;
                    document.getElementById("street").value = result.city;
                    document.getElementById("building").value = result.town;
                } else {
                    // エラーメッセージを表示するなどの処理を行うこともできます。
                    console.error("APIからデータを取得できませんでした。");
                }
            } catch (error) {
                console.error("エラーが発生しました。", error);
            }
```

```
            }
        </script>
    </body>
    </html>
```

このコードでは、zipaddress.netのAPIを使用して、郵便番号に対応する住所情報を取得し、フォームの各入力フィールドに自動的に設定します。APIエンドポイントは https://zipaddress.net/api/v1/postal?zipcode=${postalCode} 2です。

このAPIを使用する際には、zipaddress.netのサービス利用規約に従うことと、APIの制限事項に注意することをお勧めします。

これでコードが作られたと思いきや、実際は2のAPIが違うため、正しく動きません。

ここから先は、自分でコードを修正していくことになりますが、それでもいちから作るよりは、圧倒的な時短につながるのは想像できると思います。修正する場合、1をhttps://api.zipaddress.net/?zipcode=${postalCode}に変更します。

修正方法については、ここでは長くなるので割愛します。

ChatGPTを活用する際のプロンプトエンジニアリングのヒントになれば幸いです。

Chapter 7

ドキュメント作りに活用しよう

システム開発では、さまざまなドキュメントも必要になります。
お客様への説明や納品物として、
概要図や設計書が必要になることもありますし、
サイトの規約文などを作らなければならないこともあります。
この章では、ドキュメント周りの活用法を紹介します。

7-1 関数やクラスを要約したドキュメントを作る

お客様への資料や納品物として、ドキュメントが必要な場面があります。こうしたドキュメントは、ChatGPTを使ってソースコードから作ってもらえば、時短できます。

ソースコードからドキュメントを作る

ChatGPTでは、ソースコードを引用して、「概要ドキュメントを作ってほしい」という旨の指示を出せば、概要を教えてくれます。

このとき、ドキュメントの形式を指定することで、使いやすいドキュメントになります。

■ 概要だけを作らせる場合

あまり深く考えず、「概要ドキュメントを作ってほしい」という指示だと、その結果は、次のようになります。

入力例（sample07_1.txt）

次のコードの概要を教えてください。1

```
```2
class User {
    private $conn;

    public function __construct($db) {
        $this->conn = $db;
    }

    public function addUser($username, $password, $email) {
            $hashed_password = password_hash($password, PASSWORD_
DEFAULT);
            $query = "INSERT INTO users (username, password, email)
VALUES (:username, :password, :email)";
        $stmt = $this->conn->prepare($query);
```
```

```
        $stmt->bindParam(':username', $username);
        $stmt->bindParam(':password', $hashed_password);
        $stmt->bindParam(':email', $email);
        $stmt->execute();
    }

    public function getUserById($user_id) {
        $query = "SELECT * FROM users WHERE id = :user_id";
        $stmt = $this->conn->prepare($query);
        $stmt->bindParam(':user_id', $user_id);
        $stmt->execute();
        return $stmt->fetch(PDO::FETCH_ASSOC);
    }

    public function updateUser($user_id, $username, $email) {
── 省略 ──
    }

    public function deleteUser($user_id) {
── 省略 ──
    }

    public function changePassword($user_id, $new_password) {
── 省略 ──
    }

    public function changeUsername($user_id, $new_username) {
── 省略 ──
    }

    public function changeEmail($user_id, $new_email) {
── 省略 ──
    }
}
```

活用アイデア

1「概要が知りたい」とだけ質問します。

2 対象のコードを引用します。

応答例

このコードは、データベースと連携してユーザー情報を操作するための User クラスを提供しています。具体的な機能やメソッドの概要は以下の通りです：

1. 変数
   $conn：データベース接続オブジェクトを保持します。
2. コンストラクタ (__construct)
   データベース接続オブジェクトを受け取り、内部変数 $conn に割り当てます。
3. メソッド
   addUser($username, $password, $email)：
     ユーザーのユーザー名、パスワード、メールアドレスを受け取り、ユーザーをデータベースに追加します。パスワードはハッシュ化されて保存されます。
   getUserById($user_id)：
     指定されたIDのユーザー情報をデータベースから取得します。
   updateUser($user_id, $username, $email)：
     指定されたIDのユーザーのユーザー名とメールアドレスを更新します。
   deleteUser($user_id)：
     指定されたIDのユーザーをデータベースから削除します。
   changePassword($user_id, $new_password)：
     指定されたIDのユーザーのパスワードを新しいパスワードに変更します。
   新しいパスワードはハッシュ化されて保存されます。
   changeUsername($user_id, $new_username)：
     指定されたIDのユーザーのユーザー名を新しいユーザー名に変更します。
   changeEmail($user_id, $new_email)：
     指定されたIDのユーザーのメールアドレスを新しいメールアドレスに変更します。

すべてのメソッドは、PDO（PHP Data Objects）を使用してSQLクエリを実行しており、SQLインジェクションを防ぐためにパラメータバインドを使用しています。

このクラスは、ユーザーの情報を管理する基本的なCRUD（Create, Read, Update, Delete）操作をサポートしています。

ソースコードの内容を解釈して、クラス自体の役割、そして、どのメソッド（関数）が何をしているのかまで示してくれました。

他人が書いたコードの概要を掴みたいときは、とても役立ちそうです。

■ フォーマットを作らせる場合

とはいえ、この出力から、お客様への提出資料を作るとなると、体裁を整えたりする人力での、最後の一手間が必要になってしまいます。これを避けるには、次のように**出力フォーマッ**

トを定めて作らせるとよいです。

そうすれば、ほぼコピペでそのままドキュメントとして通用するものができあがります。

入力例（sample07_1_2.txt）

```
次のコードを解釈し、次の出力形式でまとめたドキュメントを出力してください。1

# 出力形式 2

- 見出しとして「クラス名」を出力
- クラスの概要を出力
- メソッドを表形式で、「メソッド名」「解説」のように1行ずつ出力

# コード
対象コードは、以下の通り。

```コード 3
class User {
── 省略 ──
```

活用アイデア

1 出力形式でまとめたドキュメントが欲しいと指示しました。

2 **出力形式を定め、箇条書きにして指示**しました。

3 対象のコードを引用します。
```

応答例

Userクラス

概要

`User` クラスは、データベースを操作するための一連のメソッドを提供します。具体的には、ユーザーの追加、取得、更新、削除、パスワードの変更、ユーザー名の変更、メールアドレスの変更などの操作を行います。

メソッド一覧

メソッド名	解説
`__construct($db)`	コンストラクタ。データベースの接続を初期化します。
`addUser($username, $password, $email)`	ユーザーをデータベースに追加します。
`getUserById($user_id)`	指定したIDのユーザー情報をデータベースから取得します。
`updateUser($user_id, $username, $email)`	指定したIDのユーザーのユーザー名とメールアドレスを更新します。
`deleteUser($user_id)`	指定したIDのユーザーをデータベースから削除します。
`changePassword($user_id, $new_password)`	指定したIDのユーザーのパスワードを変更します。
`changeUsername($user_id, $new_username)`	指定したIDのユーザーのユーザー名を変更します。
`changeEmail($user_id, $new_email)`	指定したIDのユーザーのメールアドレスを変更します。

このクラスは、データベース操作を行うための基本的なCRUD操作を提供するものであり、各メソッドはPDOを使用してSQLクエリを実行しています。

今回は、応答例のレイアウトが素晴らしいので、そのまま画面キャプチャで掲載しました。このまま引用して、ドキュメントとして使えそうですね。

ちなみに出力はMarkdown形式であり、**📋をクリックしてMarkdownテキストをコピーできます**。

実際のテキストは、下記のようになっていますから、あとから編集するのも容易です。

```
# Userクラス


## 概要
`User` クラスは、データベースを操作するための一連のメソッドを提供します。具体的には、ユーザーの追加、取得、更新、削除、パスワードの変更、ユーザー名の変更、メールアドレスの変更などの操作を行います。
```

```
## メソッド一覧
| メソッド名                | 解説                          |
|----------------|-----------------------------|
| `__construct($db)`   | コンストラクタ。データベースの接続を初期化します。       |
| `addUser($username, $password, $email)` | ユーザーをデータベースに追加します。|
| `getUserById($user_id)` | 指定したIDのユーザー情報をデータベースから取得します。 |
| `updateUser($user_id, $username, $email)` | 指定したIDのユーザーのユーザー名とメールアドレスを更新します。|
| `deleteUser($user_id)` | 指定したIDのユーザーをデータベースから削除します。|
| `changePassword($user_id, $new_password)` | 指定したIDのユーザーのパスワードを変更します。|
| `changeUsername($user_id, $new_username)` | 指定したIDのユーザーのユーザー名を変更します。|
| `changeEmail($user_id, $new_email)` | 指定したIDのユーザーのメールアドレスを変更します。|

このクラスは、データベース操作を行うための基本的なCRUD操作を提供するものであり、各メソッドはPDOを使用してSQLクエリを実行しています。
```

最終的なレポートとして出力するときは、こういった形のフォーマットを指定すると、そのままコピペで使えるので、いろんな用途に使えると思います。

プロジェクト全体を処理する

無償で利用できる範囲のGPT-3.5では、処理できるデータに限りがあるので、あまり長いソースコードを処理することはできません。

しかし有償のGPT-4で、ソースコード一式をアップロードしてしまえば、複数のファイルに跨がる処理もドキュメント化できます。

詳細については、第8章で紹介します。

Column

ChatGPTにデータベース操作のコードを作らせる

この節で紹介しているコードは、ChatGPTに作らせたものです。

次の指示を与えて、グループとユーザーを作らせ、そのユーザーのクラスを少し改造したものを、この節では提示しています。

こういった簡単な指示で、そこそこのコードが生成されるので、皆さんもぜひ、試してみてください。

入力例（sample07_1_3.txt）

```
ユーザーとグループを管理するPHPのクラスを作ってください。
データベースのusersテーブルとgroupsテーブルに保存します。

usersテーブルには、ユーザー名とパスワード、メールアドレスを保存します。
groupsテーブルには、グループ名があり、それに所属するusersが紐付きます。

データベースはMySQLを想定してください。

グループのクラスには、次のメソッドがあります。

- グループに属するユーザー一覧の取得
- グループへのユーザー追加
- グループのユーザー削除
- グループIDを指定してのグループ取得

ユーザーのクラスには、次のメソッドがあります。

- ユーザー追加
- ユーザーIDを指定してのユーザー取得
- ユーザー更新
- ユーザー削除
- パスワード変更
- ユーザー名変更
- メールアドレス変更
```

クラス図やモデル図、シーケンス図、データベースのエンティティ図を作る

資料では、ドキュメントに付随した図が欲しいこともあります。クラス図やエンティティ図などの図も、ソースコードから作ってもらえます。

図は直接扱えない

ChatGPTは、テキストでやりとりするツールですから、**出力はテキスト**です。では、どうやって図を作ればいいのでしょうか？

まずはふつうにコードを示し、それをもとに作図するための指示をしてみましょう。

入力例（sample07_2.txt）

次のコードの**クラス図**を作ってください。1

```
```2
class Database {
    private $host = 'localhost';
    private $db_name = 'your_database_name';
    private $username = 'your_db_username';
    private $password = 'your_db_password';
    public $conn;

    public function connect() {
── 省略 ──
    }
}

class Group {
    private $conn;

    public function __construct($db) {
── 省略 ──
        $this->conn = $db;
```
```

```
    }

    public function getUsersByGroupId($group_id) {
        $query = "SELECT u.* FROM users u
                  JOIN user_group ug ON u.id = ug.user_id
                  WHERE ug.group_id = :group_id";
        $stmt = $this->conn->prepare($query);
        $stmt->bindParam(':group_id', $group_id);
        $stmt->execute();
        return $stmt->fetchAll(PDO::FETCH_ASSOC);
    }

    public function addUserToGroup($user_id, $group_id) {
…実際は、上記のメソッドと同様のSQLの処理などを書いたものを渡していますが、冗長なので、以
下略します…
    }

    public function removeUserFromGroup($user_id, $group_id) {
── 省略 ──
    }

    public function getGroupById($group_id) {
── 省略 ──
    }
}

class User {
    private $conn;

    public function __construct($db) {
── 省略 ──
    }
    public function addUser($username, $password, $email) {
── 省略 ──
    }
    public function getUserById($user_id) {
── 省略 ──
    }
    public function updateUser($user_id, $username, $email) {
── 省略 ──
```

```
    }
    public function deleteUser($user_id) {
── 省略 ──
    }

    public function changePassword($user_id, $new_password) {
── 省略 ──
    }

    public function changeUsername($user_id, $new_username) {
── 省略 ──
    }

    public function changeEmail($user_id, $new_email) {
── 省略 ──
    }
}
```

活用アイデア

1 「**クラス図**」を作るように指示しました。

2 必要な**ソースコードをすべて引用**しました。

応答例

このコードから生成されるクラス図をテキストで説明します。クラス図は、クラスとそれらのクラス間の関係を視覚的に表現するためのもので、以下のクラスが含まれています。

1. Databaseクラス
   - 属性：
     - $host
     - $db_name
     - $username
     - $password
     - $conn
   - 操作：
     - connect()

2. Groupクラス
   - 属性：

```
        ・$conn
    ・操作：
        ・__construct($db)
        ・getUsersByGroupId($group_id)
        ・addUserToGroup($user_id, $group_id)
        ・removeUserFromGroup($user_id, $group_id)
        ・getGroupById($group_id)

3. Userクラス
    ・属性：
        ・$conn
    ・操作：
        ・__construct($db)
        ・addUser($username, $password, $email)
        ・getUserById($user_id)
        ・updateUser($user_id, $username, $email)
        ・deleteUser($user_id)
        ・changePassword($user_id, $new_password)
        ・changeUsername($user_id, $new_username)
        ・changeEmail($user_id, $new_email)
関係：
```

・Database クラスが Group クラスと User クラスに依存しており、これらのクラスのインスタンスをデータベース接続を行うために使用しています。したがって、Database クラスから Group クラスと User クラスへの依存関係が存在します。3

このクラス図は、3つのクラスとそれらのクラス間の依存関係を示しています。データベース接続を管理する Database クラスが、ユーザーとグループの情報を操作する User クラスと Group クラスに依存しています。4

ChatGPTは図として出力できるわけではないので、なんとか頑張って、それなりに出力しています。3や4のように、どのクラスとどのクラスが依存しているかを出力しているのはありがたいですが、見づらいですね。

ツールでテキストから図を作る

そこで一工夫します。ChatGPTは、出力として「テキスト」を作るので、**そのテキストを何か別のツールに入れ込んで、図を作るようにする**のです。

■ 図7-2-1 ChatGPTの出力から図を作る

テキストから図を作るツールは、いくつかありますが、クラス図を扱えるものとして、ここでは「Mermaid」という記法を紹介します。

Mermaidは、フローチャートやシーケンス図、クラス図、ステート図、チャート、タイムラインなど、さまざまな図をテキスト形式で描ける記法です。Markdownと組み合わせて使われることも多く、Markdownを扱うテキストエディタに機能として内蔵されていることもあります。

メモ

具体的には、GitHubのエディタには、Mermaid記法で書いたものを図として表記する機能がありますし、Visual Studio Codeなどの統合環境ツールでもプラグインで対応できます。また、Typoraなどのmarkdownエディタも対応しています。

MermaidはMermaidライブエディタ（https://mermaid.live/）で、その記法を確認できます。Mermaidライブエディタは、左右に画面が分かれていて、左側にテキストを入力すると、それを図示してくれます。

■ 図7-2-2 Mermaidライブエディタ

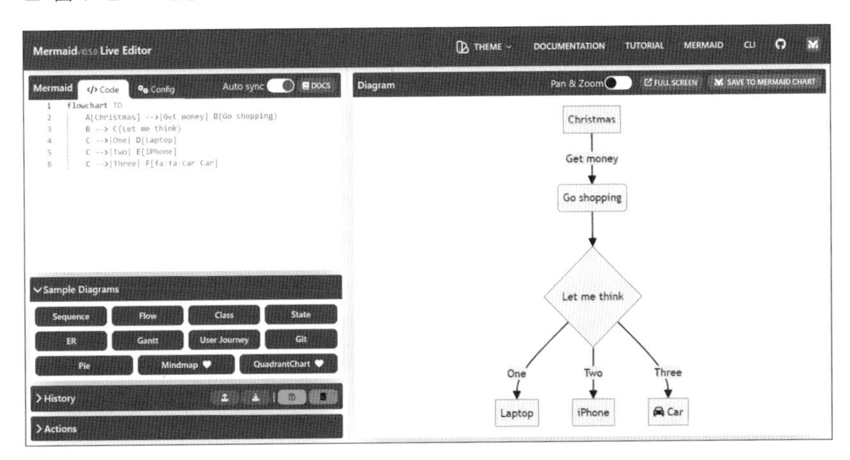

つまり、ChatGPTに対して「Mermaid形式で」と指示すれば、**出力されたテキストをMermaidで図に変換することで、図としてクラス図を得る**ことができます。

実際にやってみましょう。

入力例

次のコードのクラス図を作ってください。
mermaid形式でお願いします。1

```
class Database {
── 以下、前入力と同じのため省略 ──
```

活用アイデア

1「mermaid形式で」と出力形式を指示しました。

応答例

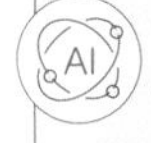

以下は、提供されたコードのクラス図をmermaid形式で表現したものです。このコードはPHPクラスを使用して、データベースの操作を行うシンプルなシステムを示しています。

```
classDiagram
  class Database {
    -host: string
    -db_name: string
    -username: string
    -password: string
    +conn: PDO
    +connect(): PDO
  }

  class Group {
    -conn: PDO
    +__construct(db: PDO)
    +getUsersByGroupId(group_id: int): array
    +addUserToGroup(user_id: int, group_id: int): void
    +removeUserFromGroup(user_id: int, group_id: int): void
    +getGroupById(group_id: int): array
  }

  class User {
    -conn: PDO
    +__construct(db: PDO)
     +addUser(username: string, password: string, email: string):
```

```
void
    +getUserById(user_id: int): array
     +updateUser(user_id: int, username: string, email: string):
void
    +deleteUser(user_id: int): void
    +changePassword(user_id: int, new_password: string): void
    +changeUsername(user_id: int, new_username: string): void
    +changeEmail(user_id: int, new_email: string): void
  }

  Database ..> Group: Uses
  Database ..> User: Uses
```

このクラス図では、3つのクラス（Database、Group、User）が示されており、それぞれのクラスにはメソッドやプロパティが含まれています。Databaseクラスはデータベース接続に関連し、GroupクラスとUserクラスはそれぞれグループとユーザーに関連する操作を提供しています。

また、矢印は依存関係を示しており、DatabaseクラスがGroupクラスとUserクラスを使用していることを示しています。

Mermaid形式のテキストが出てきました。これをMermaidライブエディタに貼り付けます。すると図7-2-3のように、クラス図になりました！

このようにChatGPTに図を描かせたいときは、「**別のツールに入力できる、図の元となるテキストを作らせる**」のが、活用のポイントです。

メモ

ここではMermaidライブエディタに貼り付けましたが、Mermaidライブエディタ以外にも、Mermaid書式を扱えるツールがあります。別のツールを使えば、色合いやフォントなど、雰囲気が変わります。

■ 図7-2-3　Mermaidライブエディタでクラス図に変換

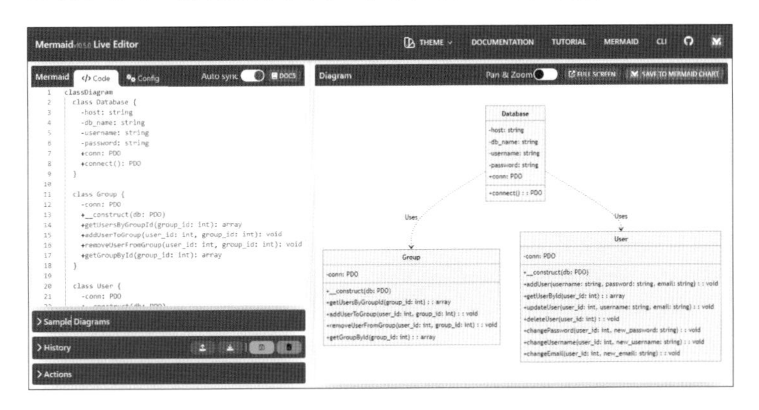

ネットワーク図を作る

インフラの構築では、ネットワーク図が必要なこともあります。最近では、AWSなどのクラウドでネットワークを構築することもあり、その場合は、クラウドでまとめてネットワークを作るためのコードを作るケースもあります。

複雑な構成は箇条書きで与える

前節で説明したように、ChatGPTは、図を描くことができません。

たとえば、次のように図を描くように指示しても、それを箇条書きでわかりやすくしてくれるものの、作図には至りません。

入力例（sample07_3.txt）

```
下記のネットワーク図を作ってください。1

# ネットワークの構成 2

- 2つのネットワークがある 3
    - 10.0.0.0/16
    - 10.0.1.0/16

## 10.0.0.0/16の構成 4
    - デフォルトゲートウェイは10.0.0.1
    - 10.0.1.0/16とのゲートウェイは10.0.0.20
    - サーバーが3台ある
        - Webサーバー1
          10.0.0.100
        - Webサーバー2
          10.0.0.101
        - Webサーバー3
          10.0.0.102

## 10.0.1.0/16の構成 5
    - 10.0.0.0/16とのゲートウェイは10.0.1.1
```

```
    - サーバーが2台ある
        - DBサーバー
          10.0.1.50
        - ストレージサーバー
          10.0.1.100
```

活用アイデア

1 **ネットワーク図が欲しい**という目的を伝えています。

2 項目が複雑なので、まずは、**見出し「#」で、ネットワークの構成を伝えて**います。

3 その構成のなかで、**2つのネットワークがある**ことを伝えました。

4 **1つめのネットワークの構成です。見出し「##」を使っています**。表記は3に合わせています。それぞれの構成は、ChatGPTが解釈しやすいよう、箇条書きで指定しています。

5 **見出し「##」を使い、2つめのネットワークの構成**を伝えます。

応答例

ネットワーク図をテキストで表現することは難しいですが6、ネットワーク構成に基づいて簡単な説明を提供します。以下は、2つのネットワーク（10.0.0.0/16と10.0.1.0/16）の構成に基づいた説明です。

```
ネットワーク1: 10.0.0.0/16
  - デフォルトゲートウェイ: 10.0.0.1
  - 10.0.1.0/16とのゲートウェイ: 10.0.0.20

サーバー:
  - Webサーバー1: 10.0.0.100
  - Webサーバー2: 10.0.0.101
  - Webサーバー3: 10.0.0.102

ネットワーク2: 10.0.1.0/16
  - 10.0.0.0/16とのゲートウェイ: 10.0.1.1

サーバー:
  - DBサーバー: 10.0.1.50
  - ストレージサーバー: 10.0.1.100
```

この説明をもとに、ネットワーク図を手書きまたは専用のネットワーク図作成ツールで作成することができます。ネットワーク図を作成するための専用ソフトウェアやオンラインツールが多数利用可能です。

ChatGPTは、自分がテキストしか出力できないことを理解しており、6のように「テキストでは難しい」と回答しています。それでも、箇条書きで示すなど努力しており、かなり見やすくなっています。

ネットワークの構成がわかりにくい文章で渡されたときは、**こうした解釈を先にしてもらうだけでも、理解の手助けになりそうではあります**。

構成を図にする

前節と同じ考え方で、構成を図にします。テキストからネットワーク図を描く方法は、いくつかありますが、ここでは、nwdiag（http://blockdiag.com/ja/nwdiag/introduction.html）というツールを紹介します。

nwdiagにはデモページ（http://blockdiag.com/ja/nwdiag/demo.html）があり、入力フォームにテキストを入力すると、それが構成図として表示されます。

■ 図 7-3-1　nwdiagのデモページ

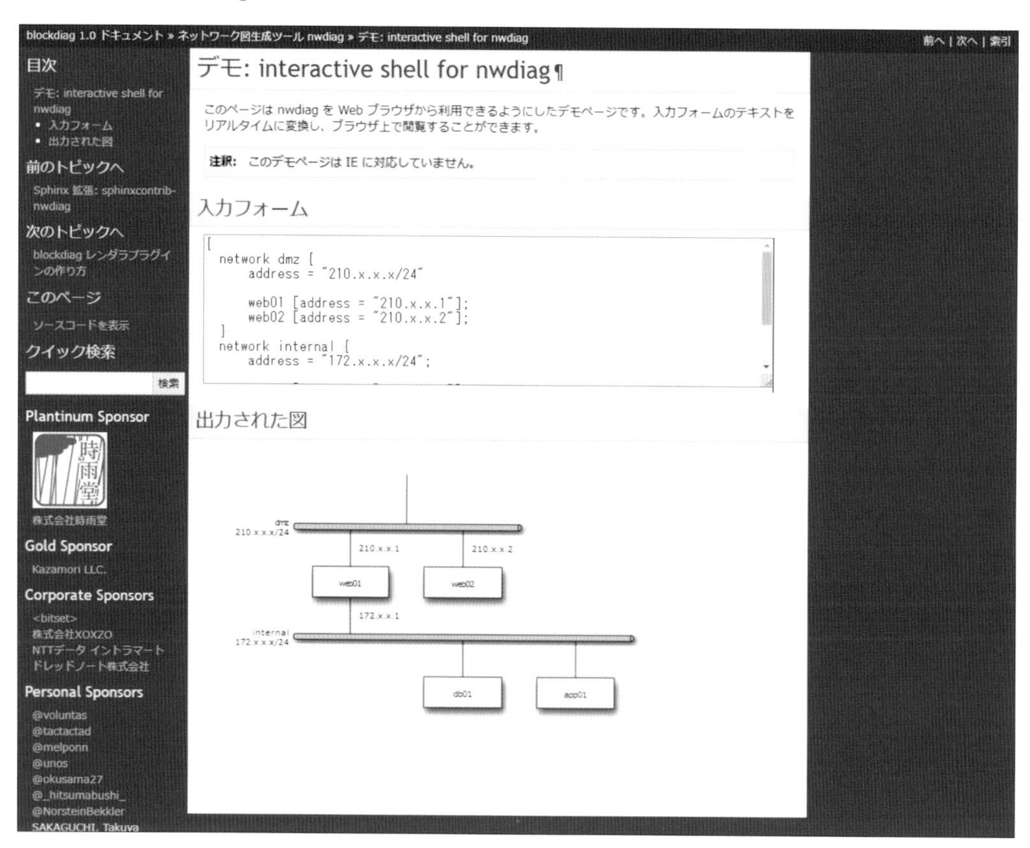

ChatGPTに、この「nwdiag」形式で出力してもらえば、図にできそうですね。

入力例（sample07_3_2.txt）

下記のネットワーク図を作ってください。
nwdiag形式でお願いします。❶

\# ネットワークの構成
── 省略 ──

活用アイデア

❶「nwdiag形式」でお願いしました。

応答例

nwdiag形式でネットワーク図を作成します。以下が要求されたネットワークの構成を表すnwdiagコードです。

```
nwdiag {
  // 10.0.0.0/16 ネットワーク
  network 10.0.0.0/16 {
    address = "10.0.0.0/16"

    // デフォルトゲートウェイ
    router 10.0.0.1 {
      address = "10.0.0.1"
    }

    // 10.0.0.0/16 と 10.0.1.0/16 のゲートウェイ
    router 10.0.0.20 {
      address = "10.0.0.20"
    }

    // サーバー
    server "Webサーバー1" {
      address = "10.0.0.100"
    }

    server "Webサーバー2" {
      address = "10.0.0.101"
    }

    server "Webサーバー3" {
      address = "10.0.0.102"
    }
  }

  // 10.0.1.0/16 ネットワーク
```

```
  network 10.0.1.0/16 {
    address = "10.0.1.0/16"

    // 10.0.1.0/16 と 10.0.0.0/16 のゲートウェイ
    router 10.0.1.1 {
      address = "10.0.1.1"
    }

    // サーバー
    server "DBサーバー" {
      address = "10.0.1.50"
    }

    server "ストレージサーバー" {
      address = "10.0.1.100"
    }
  }
}
```

このコードを使用して、ネットワーク図を作成できます。ネットワーク内の要素が適切に配置され、関連情報が表示されます。

nwdiag形式のコードができました。これを先ほどの入力フォームに貼り付ければ、図として表示できます。と言いたいところですが、実はこのコード、ちょっと間違っています。正しいコードは、次の通りです。

それぞれのサーバーなどは、「{」と「}」で囲むのではなくて「[」と「]」で囲むなど、最初に「server」や「router」は必要ないといったことがあり、**少し人間の手による修正が必要**です。

【修正後（sample07_3_3.txt）】

```
nwdiag {
  // 10.0.0.0/16 ネットワーク
  network "10.0.0.0/16" {
    address = "10.0.0.0/16"

    // デフォルトゲートウェイ
    "10.0.0.1" [
      address = "10.0.0.1"
    ]
```

```
  // 10.0.0.0/16 と 10.0.1.0/16 のゲートウェイ
  router [
    address = "10.0.0.20"
  ]

  // サーバー
  "Webサーバー1" [
    address = "10.0.0.100"
  ]

  "Webサーバー2" [
    address = "10.0.0.101"
  ]

  "Webサーバー3" [
    address = "10.0.0.102"
  ]
}

// 10.0.1.0/16 ネットワーク
network "10.0.1.0/16" {
  address = "10.0.1.0/16"

  // 10.0.1.0/16 と 10.0.0.0/16 のゲートウェイ
  router  [
    address = "10.0.1.1"
  ]

  // サーバー
  "DBサーバー" [
    address = "10.0.1.50"
  ]
```

```
    "ストレージサーバー" [
      address = "10.0.1.100"
    ]
  }
}
```

このように修正したものを先ほどのデモページに貼ると、図7-3-2のようにネットワーク構成図ができます。

メモ

nwdiagはPythonのツールです。ここでは入力フォームに入力して図を得ていますが、自分のPCにインストールして図に変換するのが、基本的な使い方です。図にするときは、Pandocと呼ばれるドキュメント生成ツールと組み合わせて使うことも多いです。

■ 図7-3-2　ネットワーク構成図ができた

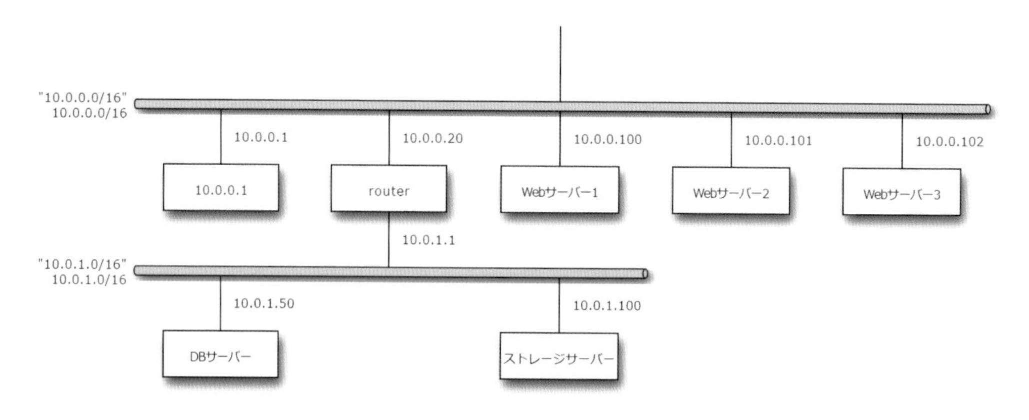

クラウド時代のネットワーク

このような昔ながらのシンプルなネットワーク構成図も良いですが、クラウド時代のいまは、クラウドサービスのアイコンを使った図で示すことも多いです。

■ AWSのシンプルアイコンで図示する

たとえばAWSでは、AWSが提供するシンプルアイコンで示すことが多いです。いまのネットワーク構成を、AWSのシンプルアイコンで示してみましょう。

もちろん、ChatGPTは絵として扱うことはできませんから、シンプルアイコンを使った図を出力できる何かしらのツールを使います。

さまざまなものがありますが、ここでは、**ネットワーク図をPythonのプログラムとして出力するDiagrams**（https://diagrams.mingrammer.com/）を紹介します。

ChatGPTは、このDiagramsを知っているようで、「Diagramsを使ったPythonのコードで」というだけで、こうしたコードを出力してくれます。

入力例（sample07_3_4.txt）

下記のネットワーク図を作ってください。
ネットワークには**AWSを使います**。1
Diagramsを使ったPythonのコードとして出力してください。2

ネットワークの構成
── 省略 ──

活用アイデア

1 **AWSを使うことを明示**します（DiagramsはAWS以外も扱えるので、この指定をしないと、他のクラウドの構成が出力されるおそれがあります）。

2 **Diagramsを使ったPythonのコードと明示**しています。わざわざ「Pythonのコード」と書いているのは、Diagramsを一般名称のダイアグラムと誤読しないようにする配慮です。

応答例

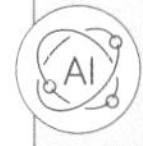

以下は、Diagramsを使用してPythonコードで作成されたAWSネットワーク図の例です。このコードを実行するには、Diagramsライブラリをインストールする必要があります。

```
from diagrams import Diagram, Cluster
from diagrams.aws.compute import EC2
from diagrams.aws.database import RDS
from diagrams.aws.network import VPC, InternetGateway

with Diagram("AWS Network Diagram", show=False): 3
    with Cluster("10.0.0.0/16"):
        gateway1 = InternetGateway("Internet Gateway")
        gateway2 = VPC("VPC 10.0.0.0/16")
        server1 = EC2("Web Server 1¥n10.0.0.100")
        server2 = EC2("Web Server 2¥n10.0.0.101")
        server3 = EC2("Web Server 3¥n10.0.0.102")
        gateway1 >> gateway2
        gateway2 >> server1
        gateway2 >> server2
        gateway2 >> server3
```

```
    with Cluster("10.0.1.0/16"):
        gateway3 = VPC("VPC 10.0.1.0/16")
        db_server = RDS("DB Server¥n10.0.1.50")
        storage_server = EC2("Storage Server¥n10.0.1.100")
        gateway1 >> gateway3
        gateway3 >> db_server
        gateway3 >> storage_server
```

このコードは、2つのVPC(10.0.0.0/16と10.0.1.0/16)を持つAWSネットワークを表現しています。各VPC内には必要なサーバーとゲートウェイが含まれており、Diagramsを使用して視覚的に表現されています。このコードを実行すると、ネットワーク図が生成されます。必要に応じて図のスタイルやレイアウトをカスタマイズできます。

Pythonのコードが表示されました。これをPythonで実行すれば、図として得られるのですが、Pythonの実行環境をどのようにしたらよいのか、という問題があります。

もちろん、皆さん、自分のPCにPythonをインストールしているのであれば問題ありませんが、そうでないなら、何かPythonの実行環境を用意する必要があります。

いくつかの方法がありますが、比較的簡単なのは、Googleが提供しているColaboratory(https://colab.research.google.com/)を使う方法です。以下に、その手順を示します。

■ ColaboratoryでPythonのコードを実行する

Colaboratoryでは、セルと呼ばれる入力欄にコードを入力して、[▶]のボタンをクリックすると、実行できます。まずは、1つめのセルにDiagramsをインストールするコマンドを入力して実行します。さらに次のセルに、ChatGPTが出力したコードを貼り付けて実行します。

■ 図 7-3-3 コードの実行手順

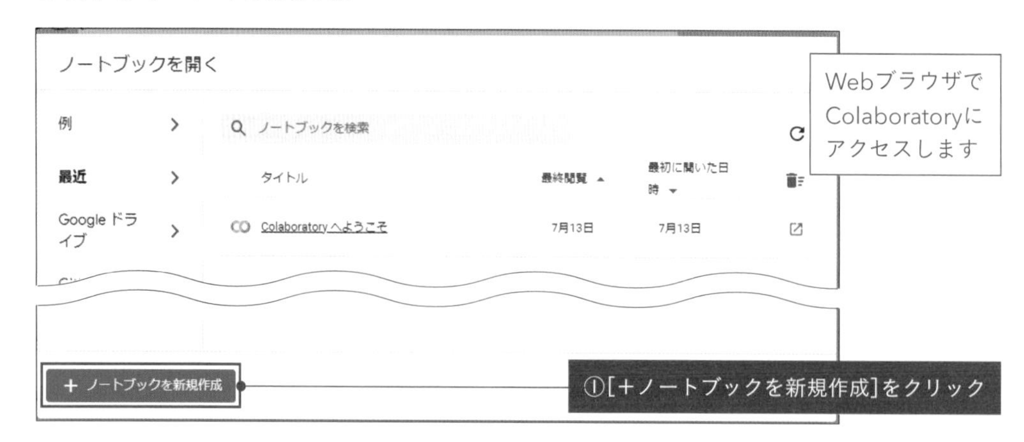

②「!pip install -q diagrams」と入力し、[▶]をクリック

③[＋コード]をクリック

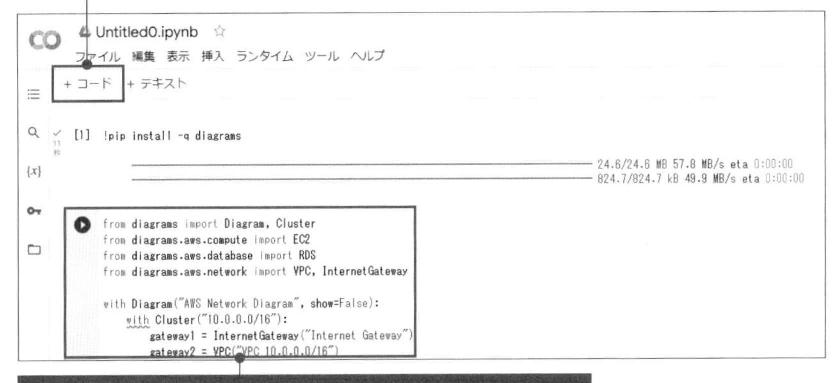

④ChatGPTが出力したコードを貼り付け、[▶]をクリック

出力されたコードの❸の部分は、次のようになっています。

```
with Diagram("AWS Network Diagram", show=False)
```

これは、図を「aws_network_diagram.png」というファイル名として出力するものです（すべて小文字に変換され、空白はアンダースコアに置換されるため、こうしたファイル名になります）。次のような手順を踏むと、「aws_network_diagram.png」が出力され、ダブルクリックすると表示されます。また、右クリックして［ダウンロード］を選択すると、ダウンロードすることもできます。

■ 図 7-3-4　ネットワーク図の出力手順

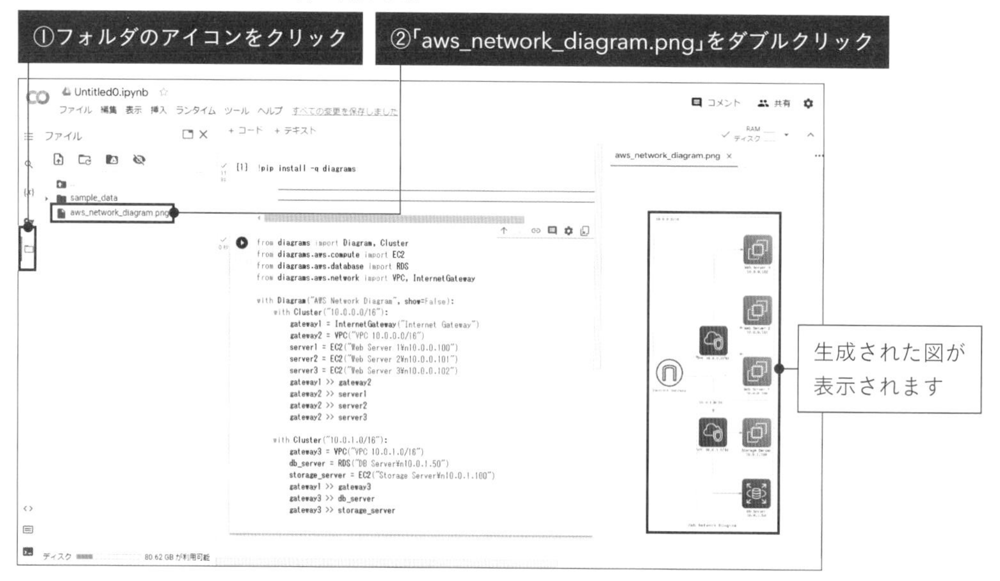

図を確認するとわかりますが、サーバーは、AWSにおける仮想サーバーの「EC2」というサービスに置き換わっています。そして何も指定していませんが、データベースも「RDS」というサービスに置き換わっています。さらに、インターネットに接続に必要な「インターネットゲートウェイ」が追加されるなど、**AWSのネットワーク構成図として、ふさわしいものに**なっています。

Column

IaC (Infrastructure as Code)

クラウドの世界では、ネットワークやサーバーなどのインフラ（Infrastructure）を、コードとして記述して、そのコードを実行することで、まとめて構築しようという動きがあります。これを「IaC（Infrastructure as Code）と言います。

クラウドではTerraformなどのツールを使って、インフラを作るコードを書きます。こうしたコードをChatGPTで作ることもできます。

入力例（sample07_3_5.txt）

下記のネットワーク構成を作るコードをTerraformで出力してください。
クラウドにはAWSを使います。

\# ネットワークの構成
── 省略 ──

応答例

以下は、Terraformを使用してAWSで指定されたネットワーク構成を作成するコードの例です。このコードをTerraformの設定ファイル（通常は.tf拡張子を持つファイル）に保存し、Terraformを実行してリソースを作成できます。必要に応じてAWS認証情報を設定してください。

```
# プロバイダー設定
provider "aws" {
  region = "us-east-1" # リージョンを適切な値に変更してください
}

# 10.0.0.0/16 ネットワーク
resource "aws_vpc" "vpc1" {
  cidr_block = "10.0.0.0/16"
}

resource "aws_subnet" "subnet1" {
  vpc_id                  = aws_vpc.vpc1.id
  cidr_block              = "10.0.0.0/16"
  availability_zone       = "us-east-1a" # アベイラビリティーゾー
ンを適切な値に変更してください
  map_public_ip_on_launch = true
}

── 省略 ──
```

── 省略 ──

Chapter 7

7-4 仕様書を作る

システム開発では、要件定義など、さまざまな仕様書を作らなければならない場面も多いです。社内に何かひな形があればよいですが、そうでなければ、ChatGPTと相談しながら作っていくのもよいでしょう。

要件定義書を作る

要件定義書とは、「こういうものを作ります」というような決め事を書いた資料のことです。顧客にヒアリングしながら、どんなものが欲しいのかを詰めて記述していきます。

はじめての場合、白紙の状態から作るのはなかなか難しいです。そんなときには、ChatGPTに聞きながら進めていくとよいでしょう。

概要を聞く

まったくわからない場合は、概要をまず聞くのが近道です。

入力例（sample07_4.txt）

要件定義書を作る必要があります。1
作成するシステムは「在庫管理」です。2
どのようなことを盛り込んで、どのようなことを顧客にヒアリングすべきですか？ 3

活用アイデア

1 要件定義書を作るというゴールを明示しています。
2「在庫管理」システムであることを明示しています。
3 盛り込むべき事項と、ヒアリングすべき事項を回答として求めています。

応答例

要件定義書を作成する際に、在庫管理システムの要件を明確にするために以下のステップや情報を盛り込むことが重要です。要件定義はプロジェクトの成功に大きく影響を与えるため、詳細かつ明確な情報を収集することが重要です。

1. 目的と範囲の定義：
在庫管理システムの目的を明確にし、どのような範囲をカバーするかを定義します。例えば、製品在庫、原材料在庫、場所（倉庫、店舗）など。

2. ユーザーおよびステークホルダーの特定：
システムを利用するユーザーグループとステークホルダーを特定し、それぞれの役割と期待を理解します。

3. 機能要件：
在庫管理システムが提供すべき機能をリスト化します。例えば、商品の登録、在庫の追跡、発注処理、在庫レポートの生成、在庫の通知、棚卸し機能など。

4.データ要件：
システムで管理するデータを明確にします。これには商品情報、在庫数量、受注データ、発注データ、供給業者情報などが含まれます。

5.パフォーマンス要件：
システムのパフォーマンス要件を定義します。これには、処理速度、同時ユーザーサポート、データの更新頻度などが含まれます。

6.インターフェース要件：
ユーザーインターフェースの要件を記述します。これには、画面のデザイン、ユーザーの操作性、ユーザーへのフィードバックなどが含まれます。

7.セキュリティ要件：
システムのセキュリティ要件を定義し、データの保護、アクセス制御、認証、権限管理などを考慮します。

8.レポーティング要件：
在庫情報を分析するためのレポートやダッシュボードの要件を明確にします。

9.パフォーマンステストと品質保証の要件：
システムが要求されるパフォーマンスを達成し、品質が保証されるための要件を定義します。

10.ヒアリングとフィードバック：
顧客やユーザーからのフィードバックを収集し、要件定義に反映させます。ユーザーの要求や優先事項を理解し、システムが実際に彼らのニーズを満たすようにするために重要です。
要件定義書はプロジェクトの成功において非常に重要なステップであり、適切に収集された要件はシステムの設計と開発において指針となります。したがって、顧客とユーザーとの協力とコミュニケーションが不可欠です。

回答を見れば、要件定義書に盛り込まなければならない一連の項目が表示されており、これらの項目は、要件定義書の「見出し」として、そのまま使えそうです。

また、**2**で「在庫管理」のシステムだと明示しているので、回答の実例が在庫管理に関わるもので戻ってきており、よりわかりやすくなっているのも特徴です。**ChatGPTに聞くときは、「何を想定しているのか」を盛り込むことが大事**だと、改めて感じます。

また、パフォーマンステストとかヒアリングなど、要件から落ちそうな項目もピックアップされているのも好感が持てます。

■ それぞれを深掘りする

あとは、この**それぞれの項目を深掘り**していくとよいでしょう。ボリュームが大きく、とりまとめるのが難しい部分として、たとえば「機能要件」を例にとってみましょう。

顧客にヒアリングしたことをChatGPTに伝えて、機能要件にまとめてもらいましょう。

入力例（sample07_4_2.txt）

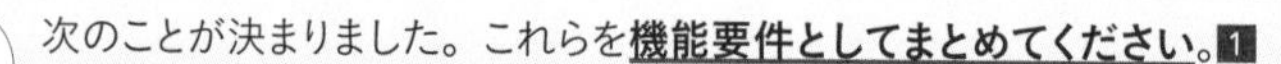

次のことが決まりました。これらを**機能要件としてまとめてください。**1

- 商品の種類は、およそ100種。2
- 複数の倉庫があります
- それぞれの倉庫における現在の在庫数、現在の価格、仕入れ値、入庫日時、出庫日時を管理します。
- 入庫や出庫の際は、担当したユーザー名を記録します
- ユーザーは次の通り
    - 一般
        - 入庫、出庫の管理ができますが、10万円を超える場合は責任者の許可が必要です
    - 責任者
        - 入庫、出庫の管理ができ、10万円を超える場合の承認をします
    - 経理担当者
        - 入出庫を月次で集計したものを扱えます
    - 管理者
        - すべての操作ができます

活用アイデア

1 **機能要件**をまとめてほしいという旨を指示しています。

2 決まったことを**箇条書きで**記しました。

応答例

上記の情報をもとに、在庫管理システムの機能要件を以下のようにまとめます。

1. 商品管理:
   - ・最大100種類の商品情報を管理できる。
   - ・商品情報には、商品名、在庫数、価格、仕入れ値などが含まれる。

2. 倉庫管理:
   - ・複数の倉庫を管理できる。
   - ・各倉庫における商品の在庫数、価格、仕入れ値、入庫日時、出庫日時を記録および表示できる。

3. 入庫と出庫管理:
   - ・商品の入庫と出庫を記録できる。
   - ・入庫および出庫に関連する情報には、担当ユーザー名、数量、金額などが含まれる。

4. ユーザー管理:
   - ・システムには以下のユーザータイプが存在する。
     - ・一般ユーザー: 入庫と出庫の管理ができるが、10万円を超える場合は責任者の承認が必要。
     - ・責任者: 入庫と出庫の管理ができ、10万円を超える場合の承認を行うことができる。
     - ・経理担当者: 入出庫を月次で集計し、報告できる。
     - ・管理者: システム内のすべての操作を行える。

これらの機能要件をもとに、在庫管理システムの設計と開発を進めることができます。また、これらの要件はシステムの利用者やステークホルダーと共有し、必要な修正や追加を行うための基本的なガイドとして役立ちます。

「機能要件」をお願いしたので、内容が機能ごとにまとまったものとして出力されました。さらに詳細な条件を加えていけば、しっかりと機能要件が定められるはずです。

ここでは入力例として、箇条書きでChatGPTに伝えましたが、**実際はもっと雑な日本語で指示しても問題ありません**。機能要件のようなものをまとめてもらうときは、どのみちChatGPTにまとめてもらうのですから、事前に人間がまとめておくのは無駄です。

深く考えず、雑な日本語で、順序もバラバラで、決まった事実だけをバラバラと投げて、ChatGPTにまとめてもらったほうが、時短につながります。

そのまま詳細設計につなげる

この時点では、機能要件は道半ばですが、そのまま詳細設計につなげることもできます。

入力例（続き）

では、この機能要件を満たすようなデータ構造を作ってください。

応答例

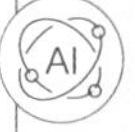

在庫管理システムの機能要件を満たすデータ構造を作成するために、データベースのテーブル構造を以下に示します。このデータベースは、商品情報、倉庫情報、入庫と出庫の記録、ユーザー情報を管理します。

1. 商品テーブル (Products Table):
    - 商品ID (Product ID)
    - 商品名 (Product Name)
    - 在庫数 (Inventory Quantity)
    - 価格 (Price)
    - 仕入れ値 (Cost Price)
    - その他の商品に関する情報
2. 倉庫テーブル (Warehouses Table):
    - 倉庫ID (Warehouse ID)
    - 倉庫名 (Warehouse Name)
    - その他の倉庫に関する情報
3. 入庫テーブル (Stock In Table):
    - 入庫ID (Stock In ID)
    - 商品ID (Product ID) [商品テーブルとの関連]
    - 倉庫ID (Warehouse ID) [倉庫テーブルとの関連]
    - 入庫日時 (Stock In Timestamp)
    - 担当ユーザー名 (User Name)
    - 入庫数量 (Quantity)
    - 入庫金額 (Amount)
    - 承認状態 (Approval Status) [一般ユーザーの場合は未承認、責任者の場合は承認済み]
4. 出庫テーブル (Stock Out Table):
    - 出庫ID (Stock Out ID)
    - 商品ID (Product ID) [商品テーブルとの関連]
    - 倉庫ID (Warehouse ID) [倉庫テーブルとの関連]
    - 出庫日時 (Stock Out Timestamp)
    - 担当ユーザー名 (User Name)

```
        ・出庫数量 (Quantity)
        ・出庫金額 (Amount)
        ・承認状態 (Approval Status) [一般ユーザーの場合は未承認、責任者の場合は承
         認済み]2
    5.ユーザーテーブル (Users Table):
        ・ユーザーID (User ID)
        ・ユーザー名 (User Name)
        ・ユーザータイプ (User Type) [一般ユーザー、責任者、経理担当者、管理者など]
        ・ユーザーパスワード (Password) [必要に応じて暗号化]1
        ・その他のユーザーに関する情報
    ── 省略 ──
```

まだ機能要件は決まっていませんが、一般的に必要な仕様から判断して「ユーザーパスワード」が必要だろう（1）ということも予測したデータ構造が提案されています。

機能要件をもっと細かく定義したあと、こうした詳細設計もしてもらい、回答を参考に実装を進めていくとよいでしょう。

ChatGPTに聞くメリットは、自分だけで考えていると漏れそうなところも、しっかりと入ってくることです。たとえば、2の承認状態などは、漏れがちな項目です。

サイトの規約などの必要なドキュメントを作る

システム開発では、サイトの規約などの付随ドキュメントも必要になります。こうしたドキュメントは定型文で済むので、ChatGPTで作って時短につなげましょう。

サイトポリシーを作ってもらう

Webサイトを作るときは、サイトポリシーが必要なこともあります。そんなときは、ChatGPTに作らせれば、あっという間にできあがります。

入力例（sample07_5.txt）

Webサイトを作っています。
サイトポリシーが必要なので、作ってください。1

- サイト名は「にゃんこの館」2
- サイトURLは「https://nyanko.example.jp/」
- 会社名は「necoコーポレーション」
- お問い合わせフォームは「https://nyanko.example.jp/form/」

活用アイデア

1 **サイトポリシー**を作ってほしい旨を伝えています。
2 必要な情報を**すべて箇条書きで指定**しています。

応答例は、見出しなど、レイアウトが整っているため、そのまま画面キャプチャで提示しました（図7-5-1）。ここに示したように、一般的なポリシーが、指定したサイト名や会社名を埋め込んだ形で出力されました。**ChatGPTは、こうした「よくある文書」に、必要な情報を埋め込んだものを出力するのも得意**です。

実際のテキストは、次のようにMarkdown形式なので、見出しをHTML要素のH1やH2などに変換して**HTML化するのも容易**です。

```
── 省略 ──
# プライバシーポリシー

このウェブサイト（以下、「当サイト」とします）は、necoコーポレーション（以下、「当社」とします）が運営する「にゃんこの館」（以下、「サイト」とします）に関連するプライバシーに関する情報を提供します。当社は、ユーザーの個人情報を保護し、安全に取り扱うことを最優先事項としています。このプライバシーポリシーは、当サイトをご利用いただく際の個人情報の収集、使用、開示に関するポリシーを説明しています。以下に、当サイトでどのように情報を収集し、保護しているかを詳細に説明します。

## 収集される情報

当サイトを訪れる際、以下の情報が収集されることがあります：

1. **個人情報の収集**：当サイトの特定の機能やサービス（例：お問い合わせフォーム）を利用する際に、名前、電子メールアドレス、連絡先情報などの個人情報を提供いただくことがあります。これにより、当社はお問い合わせに対応し、サービスを提供できます。

── 省略 ──
```

図 7-5-1　ChatGPTが生成したサイトポリシー

もちろん、ウェブサイト「にゃんこの館」のためのプライバシーポリシーの一般的なテンプレートを提供します。ただし、プライバシーポリシーは法的な文書であるため、具体的な法的アドバイスを受けることをお勧めします。以下は、一般的なガイダンスを提供するための基本的なテンプレートです。このテンプレートを参考にして、法律顧問に相談し、サイトに適したプライバシーポリシーを作成してください。

プライバシーポリシー

このウェブサイト（以下、「当サイト」とします）は、necoコーポレーション（以下、「当社」とします）が運営する「にゃんこの館」（以下、「サイト」とします）に関連するプライバシーに関する情報を提供します。当社は、ユーザーの個人情報を保護し、安全に取り扱うことを最優先事項としています。このプライバシーポリシーは、当サイトをご利用いただく際の個人情報の収集、使用、開示に関するポリシーを説明しています。以下に、当サイトでどのように情報を収集し、保護しているかを詳細に説明します。

収集される情報

当サイトを訪れる際、以下の情報が収集されることがあります：

1. **個人情報の収集**：当サイトの特定の機能やサービス（例：お問い合わせフォーム）を利用する際に、名前、電子メールアドレス、連絡先情報などの個人情報を提供いただくことがあります。これにより、当社はお問い合わせに対応し、サービスを提供できます。
2. **クッキーとウェブビーコン**：当サイトは、クッキー（Cookie）やウェブビーコン（Web Beacon）などのトラッキング技術を使用して、ユーザーのウェブブラウジング情報を収集することがあります。これには、IPアドレス、ブラウザの種類、訪問ページ、閲覧時間などが含まれます。これらの情報は、当サイトの機能やコンテンツの改善、利用者の統計情報の収集、広告の提供に使用される場合があります。

情報の使用

当社は、収集された情報を以下の目的で使用することがあります：

- ユーザーサポート提供
- サービスの提供および改善

規約文は法律に注意

サイトポリシーや通信販売のポリシーなどは、特定商取引法などをはじめとする各種法律に基づく必要があります。またトラブルや裁判の際の拠り所となる資料にもなります。

こうした分野でChatGPTを使うときは、生成されたドキュメントを、専門家などに確認してもらいましょう。

Column

通販の規約やお問い合わせへの返信を作る

同様にして、通販の規約を作ることもできます。

また**意外と便利なのが、お問い合わせへの返信**です。お問い合わせへの返信は、そこそこ丁寧な言葉で書かなければならず、意外と手間がかかります。しかし雑な言葉で書いて、それをChatGPTに返信文を作らせれば、気を遣う時間を減らせます。

入力例（sample07_5_1.txt）

```
お客様から次の問い合わせがありました。
回答を丁寧なメールとして出力してください。1

# 問い合わせ内容 2
ワンコ貯金箱を10月1日に購入したのですが、まだ配送されません。どのようになっているかを
教えてください。

# 回答 3
- 納品が遅れてる
- 決済が済んでいるのか確認した
- 10月10日には発送できると思う
```

活用アイデア

1 丁寧なメールとして出力したい旨を伝えています。

2 問い合わせの内容を記載しています（実際に届いたメールをコピペします）。

3 回答を雑に書いています（事実だけ書きます）。

応答例

お客様、

いつもご利用いただき、誠にありがとうございます。お問い合わせいただき、大変申し訳ございません。ワンコ貯金箱の配送に関するご質問について、お答えいたします。

まず、納品が遅れてしまい、ご不便をおかけして申し訳ございません。現在、弊社での確認により、決済は正常に完了しておりますことをご報告いたします。

調査の結果、ワンコ貯金箱はご注文いただいた日からの手配が遅れており、10月1日にご注文いただいた商品は、10月10日には発送が可能と考えております。お客様のご注文において、迅速な対応ができなかったことを深くお詫び申し上げます。

配送の際には、追跡番号と共に詳細な配送情報をお知らせいたしますので、安心してお待ちいただければと思います。

再度、この度のご不便とご迷惑をおかけいたしましたことをお詫び申し上げます。何かご不明点やご質問がございましたら、お気軽にお知らせいただければと思います。

何卒ご理解いただき、今後ともご愛顧賜りますようお願い申し上げます。

どうぞよろしくお願い申し上げます。

お客様サポートチームより
[あなたの名前]

Chapter 8

GPT-4やAPIを活用しよう

これまで本書では、GPT-3.5の機能を使った
活用法を説明してきました。
GPT-3.5でも十分に役立ちますが、
GPT-4やAPIを使うと、さらにできることが広がります。
この章では、GPT-4やAPIの活用方法を紹介します。

GPT-4でできること

GPT-4は、GPT-3.5を高性能にしたものです。より賢く、より長いテキストを処理できるようになっただけでなく、インターネットの検索結果を使った回答を得たり、アップロードしたファイル処理を対象としたりするほか、画像の生成もできます。

GPT-4の便利機能を知ろう

GPT-4は、GPT-3.5の機能強化版です。有償の「ChatGPT Plus」に加入しているユーザーだけが利用できます。

GPT-4を使うには、チャットをはじめるときに、画面の上部で切り替えます（図8-1-1）。

［GPT-4］をクリックして切り替えると、GPT-4が提供する、さまざまな機能を利用できます（「第1章1-3　モデルの違いと料金」を参照）。

■ 図8-1-1　GPT-3.5とGPT-4との切り替え

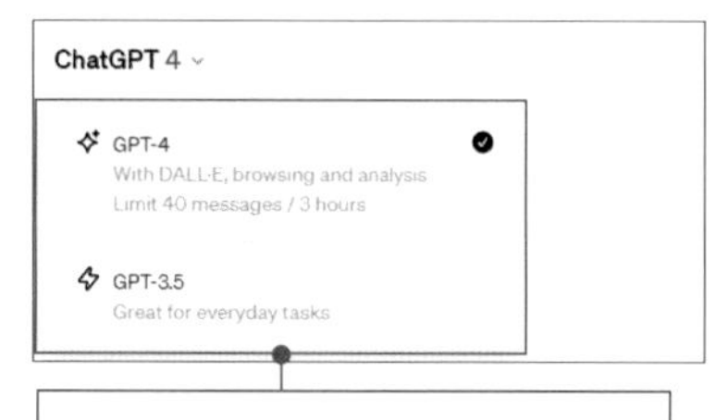

■ GPT-4の追加機能

2023年11月の本書執筆時点では、次の3つの機能があります。

ネット検索

Microsoft社の検索エンジン「Bing」を使って、インターネットを検索した結果を使って回答できます（「8-5　インターネットの検索情報を活用する」参照）。

画像認識

画像をアップロードして、その画像に対して処理できます（「8-4　手書きの設計図からプログラムを作る」参照）。

画像生成

同社の画像生成AIである「DALL-E3」を使って、入力したテキストをもとに画像を生成できます。

■ オプション機能を有効にする

いくつかの機能はオプションで、デフォルトでは表示されていません。表示するには、設定画面で有効にする必要があります。

2023年11月現在、［プラス設定&ベータ］をクリックすると表示される設定画面の［ベータ機能］には、［プラグイン］と［高度なデータ分析］の項目があり、これらをオンにすることで、それぞれの機能が使えるようになります。

■ 図8-1-2 ［ベータ機能］の設定

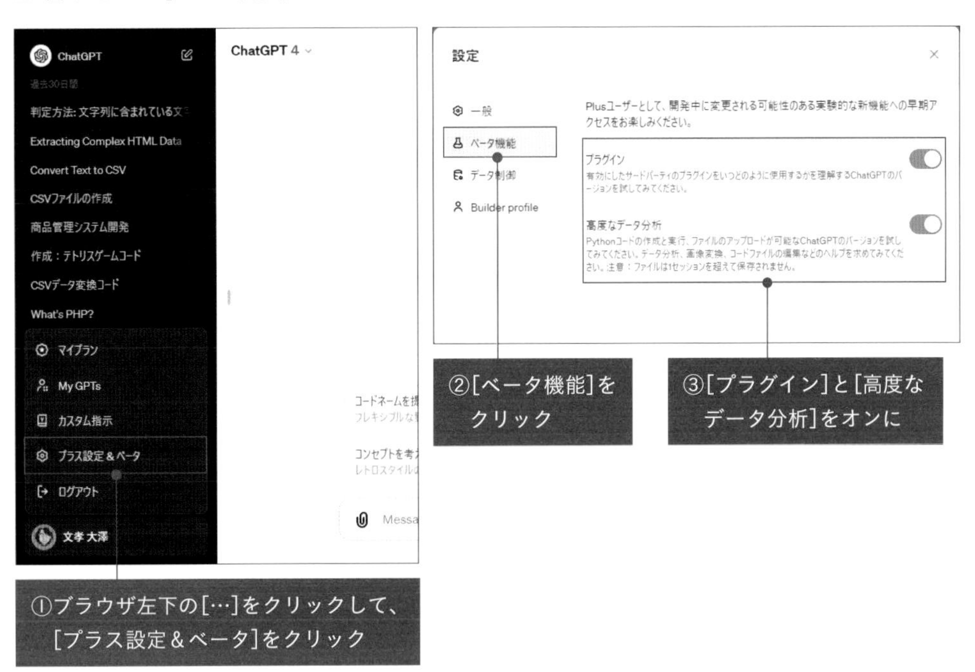

プラグイン

サードパーティ製のプラグインを追加し、機能を拡張します。「8-6　プラグインを使う」で、一例を紹介します。

高度なデータ分析

アップロードしたファイルを処理したり、Pythonのコードを生成して、それをChatGPT上で実行して、結果を得たりできます。

プログラミングにChatGPTを活用するときは、とても役立つ機能です。「8-2　アップロードしたファイルを処理する」「8-3　コードを実行して図やExcelシートなどを生成する」で詳しく説明します。

プラグインを使う

［プラグイン］を有効にすると、［Plugin store］から利用したいプラグインを選択し、追加できるようになります（図8-1-3）。

■ プラグインの規約は提供企業による

プラグインには、たとえば、PDFファイルを処理するものやプログラムのコードを書いて実行するもの、図を描くものなどがあります。これらのプラグインは、OpenAI社以外のサードパーティが提供しています。

プラグインを有効にすると、ChatGPTとの会話の内容がプラグインに渡されて処理されます。つまり、そのプラグインを作った企業に、入力したテキストが渡されるという点に注意してください。

プラグインを利用するときは、提供元の企業や利用規約を確認することが大切です。

■ 図8-1-3　プラグインを追加する

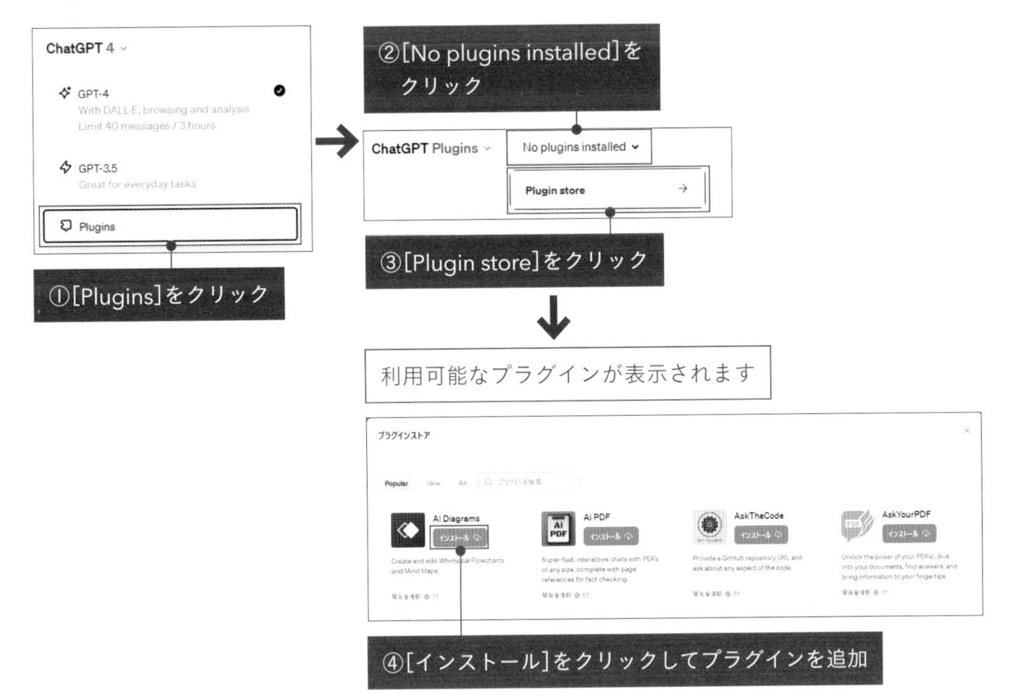

Column

機能は一斉に提供されるわけではない

ChatGPTは、日々進化しており、各種機能が、随時追加されていきます。

新機能は、全ユーザーに対して一斉に追加されるのではなく、準備が整ったユーザーから順次、追加されます。

そのため、みんなが使っている新しい機能が、自分のChatGPTのメニューに、まだ表示されていないということもありますが、しばらくすれば、表示されるようになります。

8-2 アップロードしたファイルを処理する

［高度なデータ分析］を有効にすると、ファイルをアップロードして、それらをまとめて処理できます。ソースコードの要約やドキュメント化をする場合、それらをコピペで渡す必要がなくなります。

高度なデータ分析を有効にする

オプションの設定画面にて［高度なデータ分析］を有効にしてChatGPTと会話を開始すると、チャットの入力欄に📎ボタンが表示されます。

このボタンをクリックすると、**ファイルを添付でき、そのファイルに対して処理**できます。

■ 図 8-2-1　高度なデータ分析をオンにする

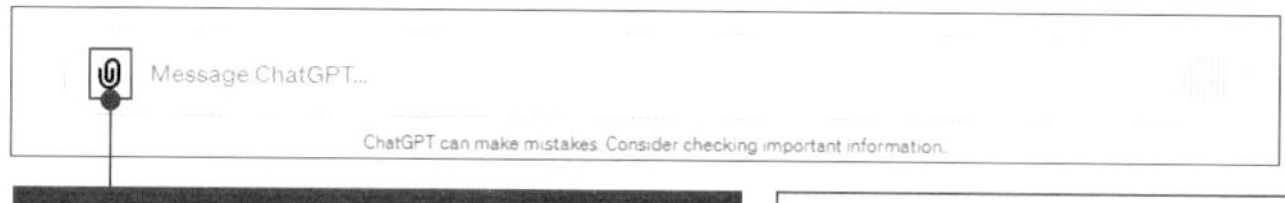

複数のソースコードのファイルをまとめて要約する

実際に、ファイルに対して処理する例を見ていきましょう。

「7-1　関数やクラスを要約したドキュメントを作る」では、ソースコードをChatGPTに引用する形で貼り付けて、その概要をドキュメント化しました。また「7-2　クラス図やモデル図、シーケンス図、データベースのエンティティ図を作る」では、それらを図にしました。

ソースコードを貼り付けるのは煩雑ですし、大きなソースコードであれば、長さの制限もあります。そこで活用したいのが、この高度なデータ分析機能です。

たとえば図8-2-2のように、User.class.php、Group.class.php、Database.class.phpをZIP形式でまとめて、ChatGPTに添付します。そして、次のように尋ねます。

入力例（sample08_2フォルダ）

添付したファイルの❶クラス図を作ってください。

活用アイデア

❶添付したファイルに対して処理したいときは、「**添付したファイルの**」として伝えます。

■ 図8-2-2　3つのPHPファイルをまとめてChatGPTに渡す

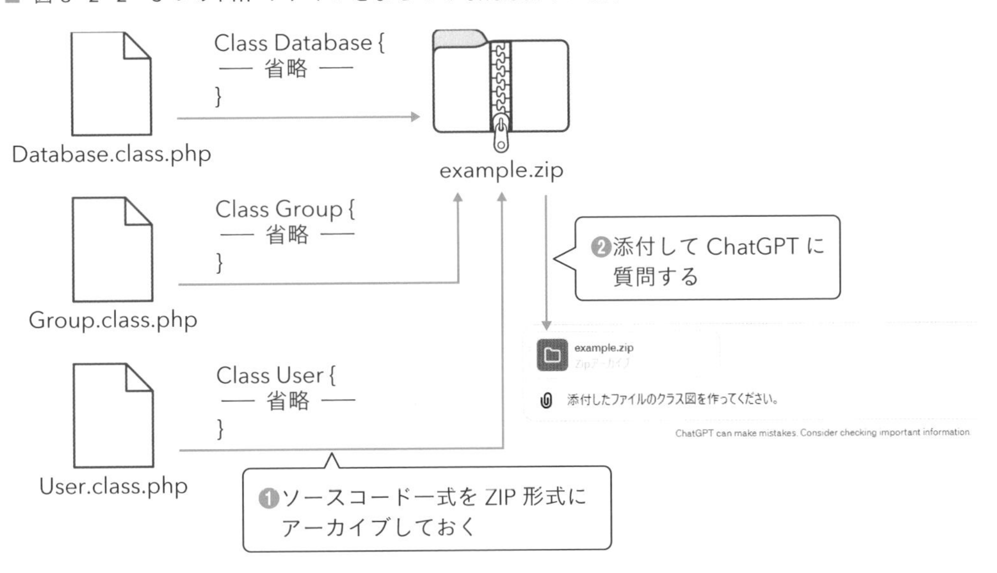

するとたとえば、次の応答が戻ってきます。
まずChatGPTは、添付されたファイルを展開して解釈を始めます。
そして、ひとつめのファイルの内容から、少しずつ解説をはじめてくれます。

応答例

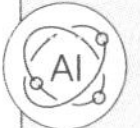

ChatGPT

ファイル "example.zip" から以下の3つのファイルが抽出されました：

1. `Database.class.php`
2. `Group.class.php`
3. `User.class.php`

これらのファイルの内容を調べて、クラス図を作成します。それぞれのファイルの中身を見てみましょう。[>-]

高度なデータ分析は図の出力ができる

そして最後。ここが大事です。なんと、**クラス図が作られ、そのままダウンロード**できます。

メモ

最新のバージョンアップでは、DALL-E3によってAIの描き起こしのイラストが作られたり、図が作られずにコードが作られることが多くなりました。うまくいかないときは、追加で、「Matplotlibで描いたPNG形式で」のように指示してみてください。

応答例（続き）

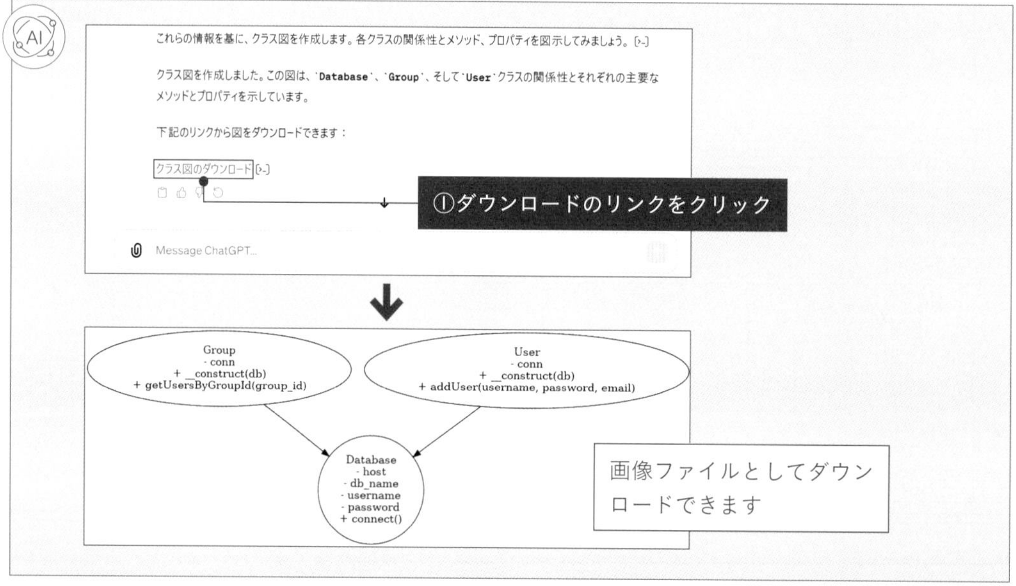

AI

これらの情報を基に、クラス図を作成します。各クラスの関係性とメソッド、プロパティを図示してみましょう。[>-]

クラス図を作成しました。この図は、`Database`、`Group`、そして`User`クラスの関係性とそれぞれの主要なメソッドとプロパティを示しています。

下記のリンクから図をダウンロードできます：

クラス図のダウンロード [>-]

①ダウンロードのリンクをクリック

Message ChatGPT...

Group
- conn
+ __construct(db)
+ getUsersByGroupId(group_id)

User
- conn
+ __construct(db)
+ addUser(username, password, email)

Database
- host
- db_name
- username
- password
+ connect()

画像ファイルとしてダウンロードできます

メモ

生成されたファイルは、一定時間後に消えます。早めにダウンロードすることをおすすめします。

実は、高度なデータ分析を有効にすると、Pythonのプログラムの実行機能が有効になります。その結果、図を出力するようなプログラムがPythonの内部で動いて、このように図を出力することができるのです。

メモ

プログラムの実行機能は、GPT-4の機能でなく［高度なデータ分析］の機能です。仮に、［高度なデータ分析］を無効にした状態で、「7-2　クラス図やモデル図、シーケンス図、データベースのエンティティ図を作る」で行ったのと同じく、ソースコードをチャットに貼り付けてクラス図を作らせた場合、図は作られません。しかし［高度なデータ分析］を有効にした状態で同じことをすると、図が出力されます。

8-3 コードを実行して図やExcelシートなどを生成する

高度なデータ分析を有効にすると、Pythonのコードを実行できます。Pythonのコードを実行することによって、その出力結果として、図やExcelシートなどの出力結果を取得できます。

図を描くためのコードを見てみよう

前節で見たように、高度なデータ分析を有効にすると、出力として図を得ることもできます。これは、Pythonの実行機能が内蔵されていて、それが実行されることで生成されています。

■ コードを見る

図の周辺にある［>_］のリンクをクリックすると、**図を生成したときに実行されたコードが表示**されます。

■ 図 8-3-1　図を生成したコードを確認する

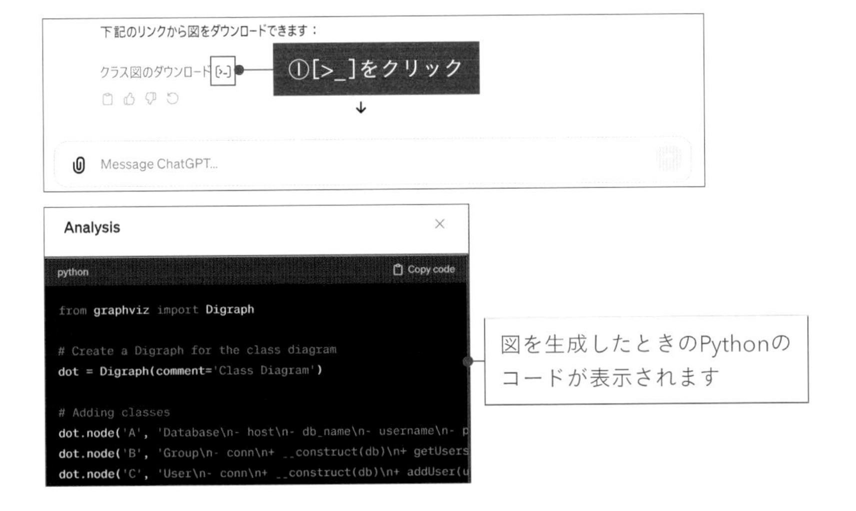

このコードはChatGPTで実行されていますが、Pythonの実行環境を自分のPCにインストールしているなら、**自分のPCでも実行できます**。

つまり、図として最終的な結果を得るだけでなく、**「図を作るためのコード」を作らせる目的でももちろん使えます**。

■ 利用できるライブラリは一部に限られる

「7-3　ネットワーク図を作る」では、いくつかのネットワーク図を作りました。このときは、出力されたテキストを別のツールに貼り付けることで図として作りましたが、高度なデータ分析を有効にしたGPT-4であれば、図として出力できるのでしょうか？ 試してみましょう。

入力例（sample08_3.txt）

下記のネットワーク図を作ってください。
ネットワークにはAWSを使います。
Diagramsを使って図を描き、その図を出力してください。❶

\# ネットワークの構成
── 省略 ──

活用アイデア

❶ **Diagramsを使って図を描いて、「その図自体」を出力**するように指示しています。

応答例

現在の環境では、diagramsライブラリを使用してネットワーク図を作成することはできませんが❷、代わりに別の方法でネットワークの概念図を描くことができます❸。AWSネットワークの構成を視覚化するために、簡易的な図を作成しましょう。これには2つのVPC（10.0.0.0/16 と 10.0.1.0/16）が含まれ、それぞれにサーバーが配置されています。

図には以下の要素を含めます：

2つのVPC、それぞれにゲートウェイを示す。
10.0.0.0/16 VPCには3台のWebサーバー。
10.0.1.0/16 VPCにはDBサーバーとストレージサーバー。
2つのVPC間の接続を示すルート。

この説明で図を作成してよろしいですか？

回答の❷にあるように、diagramsライブラリが使えないため、そのまま図として出力できないようです。

しかし上記で3のように、「別の方法でできる」との代案を示しています。

そこで「はい。進めてください」と入力すると、次のように、**GPT-4ができる範囲で、それなりの図を描いてくれます**。

入力例（続き）

はい。進めてください。

応答例

ChatGPT

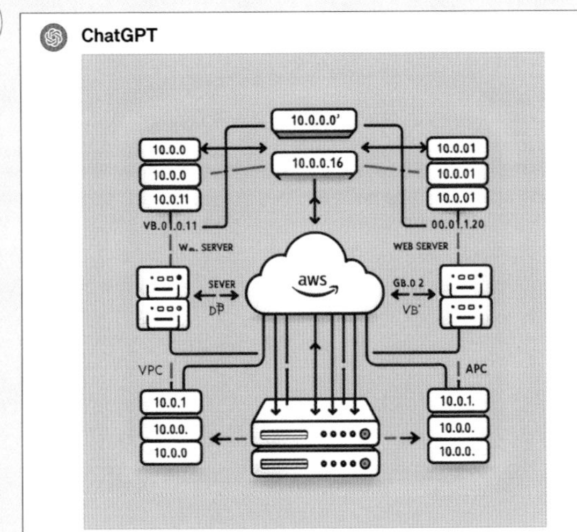

ネットワークの概念図を作成しました。この図はAWSインフラストラクチャを示しており、2つのVPCとそれらに接続されたサーバー、ゲートウェイが描かれています。図をご確認ください。

なんだか、凄い図が作られましたが、図に含まれているIPアドレスなどの値がむちゃくちゃです。これはChatGPTが備える「DALL-E3」という画像生成機能によって作られたためです。

DALL-E3はテキストから、そのイメージを作るお絵かきの機能なので、論理的に正しい図が作られません。

これを回避するため、別のライブラリを使って作るよう、たとえば、次のように指示します。

メモ

matplotlibは、グラフを描くときによく使うPythonのライブラリです。

入力例（続き）

matplotlibを使って作ってください。

応答例

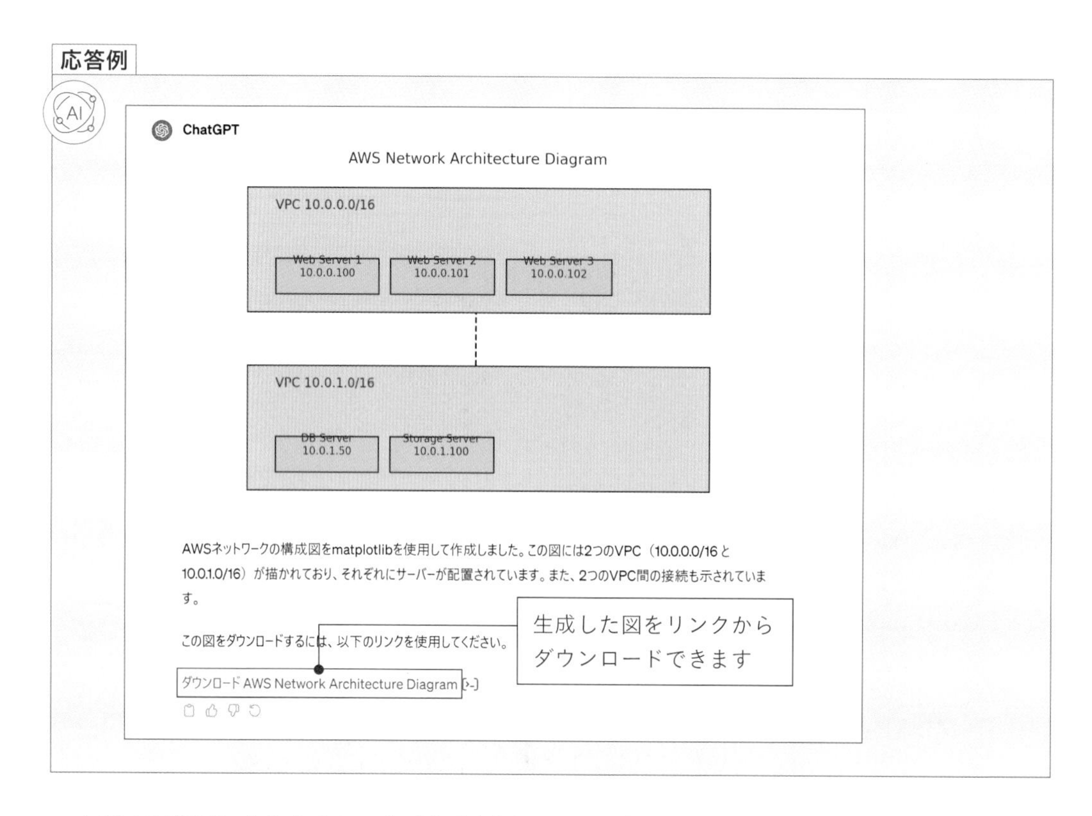

上記の応答例にあるように、生成した図はリンクからダウンロードすることもできます。

Excelシートも生成できる

生成できるのは、画像だけではありません。Pythonで生成できるものであれば、ファイル形式は問いません。

たとえば、「6-3　サンプルデータを生成してもらう」では、商品一覧や顧客一覧などのサンプルデータを作ってもらいました。

このときはCSV形式で出力してもらいましたが、次のように**「Excelファイルで」のように指示すれば、Excelファイルを生成するPythonのコードが作られ**、それが実行されることでExcelファイルとしてダウンロードできます。

入力例（sampke08_3_2.txt）

次の仕様で、商品一覧のサンプルを30件、出力してください。
出力形式は、Excelファイルでお願いします❶。

```
# 仕様
1. 列名は"商品名"、"価格"、"分類"
2. "分類"は、"文具","雑貨","家具"のいずれか
3. "価格"は、"商品名"の実際の価格に近いもの
4. 日本によくあるもの
```

活用アイデア

1 **出力形式を「Excelファイルで」**と指示することで、Pythonのプログラムが作られ、Excelファイルが生成されることを期待できます。

応答例

ChatGPT
商品一覧のサンプルを30件含むExcelファイルを作成しました。以下のリンクからダウンロードできます。

サンプル商品一覧のExcelファイルをダウンロード [>_]

生成したExcelファイルをリンクからダウンロードできます

生成された［サンプル商品一覧のExcelファイルをダウンロード］のリンクをクリックすると、Excel形式のファイルとしてダウンロードできます。

メモ

［>_］をクリックして確認したところ、2023年11月の時点では、このコードは、データ処理の際によく使うPandasライブラリを使ってExcelファイルを出力するコードとして構成されていました。

Column

さまざまなファイルを生成する

ここでは、画像ファイルやExcelファイルを生成させましたが、**ほかにも、Word形式やPowerPoint形式のファイルも生成**できます。

また変わったところでは、「440Hzの正弦波を1秒間ならしたMP3ファイルを作って」（440Hzは、ピアノの中央の「ラ」の音です）と指示すると、**音のMP3ファイルを生成することもできます**。条件にもよりますが、実際に作らせたところ、何度か試行した結果、MP3のファイルが作られました。

アイデア次第で、さまざまな場面で活用できると思います。

8−4 手書きの設計図からプログラムを作る

GPT-4では、画像をアップロードして、その画像に対する処理もできます。画像にどのようなものが写っているかをテキストで表示するのはもちろん、手書きの設計図からプログラムのコードを作ることもできます。

画像に何が写っているのかを知る

GPT-4は［default］で起動したとき、画像をアップロードして、その画像に対する処理ができます。たとえば図8-4-1のように、写真をアップロードして何が写っているのかを尋ねれば、映っているものを教えてくれます。また、図8-4-2のようにレシートを撮影した画像をアップロードすれば、その内容をテキスト化してくれます。

メモ

2023年11月の更新でOCR処理が変わり、日本語処理ができなくなりました。この節の解説は、更新前のものですが、アップデートで改善されることが期待されます。

■ 図8-4-1　写真に何が写っているのか尋ねる

■ 図8-4-2　レシートをテキスト化する

手書きの設計図からプログラムを作る

こうした実例は、たくさんの写真を自動で分類したり、経理ソフトに機能として組み込んだりすると便利ですが、本書の主題である「**プログラミングに活用する**」という視点で見たときは、どうでしょうか？

いくつもの活用方法がありますが、たとえば一例として、**手書きの設計図からプログラムを作る**という方法があります。

たとえば図8-4-3のような手書きの設計図の画像があるとき、この画像を添付し、次のようにプロンプトに入力します。

■ 図 8-4-3　手書きの設計図

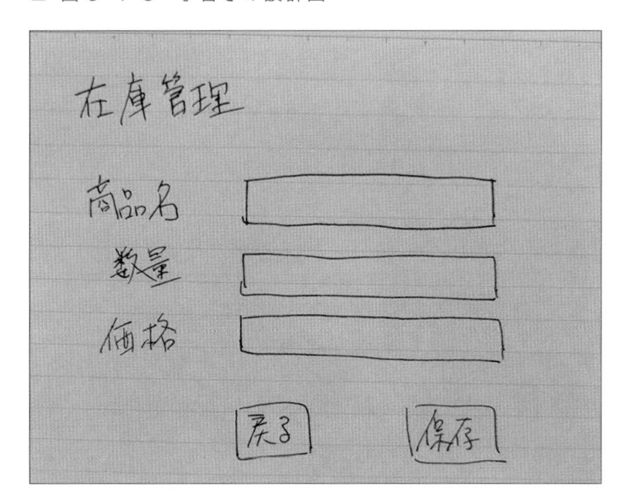

入力例

添付の画像❶のようなユーザーインターフェースを構成する**Webフォーム**❷を作ってください。

活用アイデア

❶「**添付の画像**」と指示することで、添付した画像が対象になります。

❷「Webフォーム」と、**設計図から作りたいものを具体的に指示**します。

すると次のように、そのHTMLのひな形が作られます。こうしたフォームを手作業で作るのはたいへんですが、ChatGPTに作らせれば一瞬です。

応答例

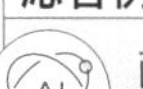

画像に基づいて、以下はユーザーインターフェースを構成するための基本的なHTMLコードの例です。

```
<!DOCTYPE html>
<html lang="ja">

<head>
    <meta charset="UTF-8">
     <meta name="viewport" content="width=device-width, initial-
scale=1.0">
    <title>ユーザーインターフェース</title>
</head>

<body>

    <h1>在庫管理</h1>

    <form action="#" method="post">

        <label for="itemName">商品名:</label><br>
        <input type="text" id="itemName" name="itemName"><br><br>

        <label for="itemAmount">数量:</label><br>
               <input type="text" id="itemAmount"
name="itemAmount"><br><br>

        <label for="itemPrice">値段:</label><br>
               <input type="text" id="itemPrice"
name="itemPrice"><br><br>

        <input type="submit" value="保存">
        <input type="reset" value="取消">

    </form>

</body>

</html>
```

── 省略 ──

手書きのテキストは一部の表記が変わってしまいましたが、ほぼ正しく読み取れており、実際にこのHTMLをブラウザで表示すると、次の画像の入力フォームが表示されます。ここでは特に出力形式を指定していませんが、何かCSSフレームワークを使いたいのなら、「Bootstrapを使って」や「Tailwindを使って」のようにCSSフレームワーク指定すれば、それを用いたものとして作ってくれます。そして、「文字の色を緑」「背景を黄色」なとどと指定すれば、それらのCSS指定もあわせて作られます。

■ 図8-4-4　生成されたHTMLをブラウザで表示したところ

在庫管理

商品名:

数量:

値段:

保存 取消

インターネットの検索情報を活用する

GPT-4を使えば、ChatGPTが過去に学んだ情報だけでなく、現在インターネットにある情報も合わせた回答が得られます。最新の情報はもちろん、住所や電話番号など、検索結果からデータを生成したいときにも役立ちます。

建物の緯度経度をとりまとめる

「6-1　データの取り出しや整形をする」では、ひとつの項目にまとめられてしまっている住所を、「都道府県」「市区町村」「番地」「ビル名」に分けてもらう方法を示しました。

GPT-4で、これに類似に質問をすると、**検索結果をもとに出力するため精度が上がるのはもちろんですが、さらに原文にはない情報をインターネットで調べて、その情報を追記**できます。

たとえば、次のように尋ねると、地点の緯度経度をインターネットで調べて追記できます。

入力例（sample08_5.txt）

下記のデータに、**緯度と経度の列を追加**❶してください。
緯度経度は**国土地理院などのサイトで検索**❷してください。

```❸
名称,住所
千代田区役所,東京都千代田区九段南 1-2-1
六本木ヒルズ,東京都港区六本木6-10-1　六本木ヒルズ
ディズニーリゾート,千葉県浦安市舞浜1ー1
インプレス,東京都千代田区神田神保町1-105　神保町三井ビルディング
```

活用アイデア

❶ **緯度と経度の列を追加**して欲しい旨を指示しています。
❷「**国土地理院のサイトで検索**」のように、どこで調べればよいのかヒントを与えています。
❸ 緯度と経度の列を追加する**「名称」「住所」を引用**しています。

応答するにあたり、ChatGPTは、必要に応じて検索します。

検索の間は、図8-5-1のように、どこを検索しているのかが表示されます。この変化を見ていると、「千代田区役所 緯度 経度」のような検索語句で検索したあと、Wikipediaを調べるなど複数のサイトに接続して、その結果を解釈して出力しているようです。

検索が終わると、応答が出力されます。

■ 図8-5-1 検索中の表示

「千代田区役所 東京都千代田区九段南1-2-1 緯度 経度」を検索中

ChatGPT

以下の表に、各場所の緯度と経度を追加しました。これらの座標は一般的に知られているもので、オンラインで簡単に見つけることができます。

名称	住所	緯度	経度
千代田区役所	東京都千代田区九段南1-2-1	35.694003	139.753595
六本木ヒルズ	東京都港区六本木6-10-1 六本木ヒルズ	35.660463	139.729248
ディズニーリゾート	千葉県浦安市舞浜１－１	35.632896	139.880394
インプレス	東京都千代田区神田神保町1-105 神保町三井ビルディング	35.695781	139.757054

これでご要望のデータに緯度経度が追加されました。[>-]

ある程度の緯度と経度が取得できており、まずまず良好な結果となっています。

ここでは緯度・経度を確認しましたが、たとえば、「会社名の一覧から、現在の住所や代表取締役の名前を取得する」「電話番号を記入する」など、インターネットから入手できる情報で何かを埋めたいといった、さまざまな場面で使えると思います。

活用アイデア

インターネットの検索結果は、いつも正しいとは限りません。そのためこの例に限らず、ChatGPT全般についてそうですが、特に**インターネットの検索を使う場合は、人間による結果の確認が不可欠**です。

プラグインを使う

プラグインは、ChatGPTに機能を追加するためのものです。OpenAI以外の各社が提供しており、実にさまざまな機能があります。ここではプログラミングに役立つプラグインを、いくつか紹介します。

さまざまなコードを実行できる「CoderPad」

紹介するひとつめのプラグインは、「CoderPadプラグイン」です。

CoderPadは、40以上のプログラミング言語に対応した、オンラインの対話型プログラミング環境です。主に技術面談などに使うことを目的としています。面談者が課題となるコードを入力して実行したのち、面接者とコラボレーションしながら進めていくような使い方が想定されています。

CoderPadプラグインは、ChatGPTが生成したコードを、このCoderPadに転送することで作られたさまざまなコードを、その場で実行して確認できるようにします。

メモ

本書では「CoderPad」と「CoderPadプラグイン」を使い分けています。CoderPadはオンラインの対話型プログラミング環境を、CoderPadプラグインはChatGPTにインストールするプラグインを指しています。

■ CoderPadプラグインの有効化

CoderPadプラグインを使うには、プラグインを有効にしたGPT-4に切り替えます。

そして、[Plugin store] から、「CoderPad」を検索して追加します。

■ 図8-6-1 プラグインを有効にしたGPT-4を起動する

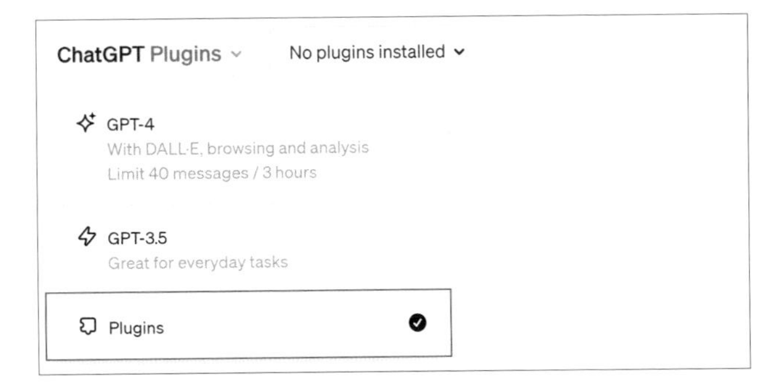

■ 図8-6-2 CoderPadプラグインを追加する

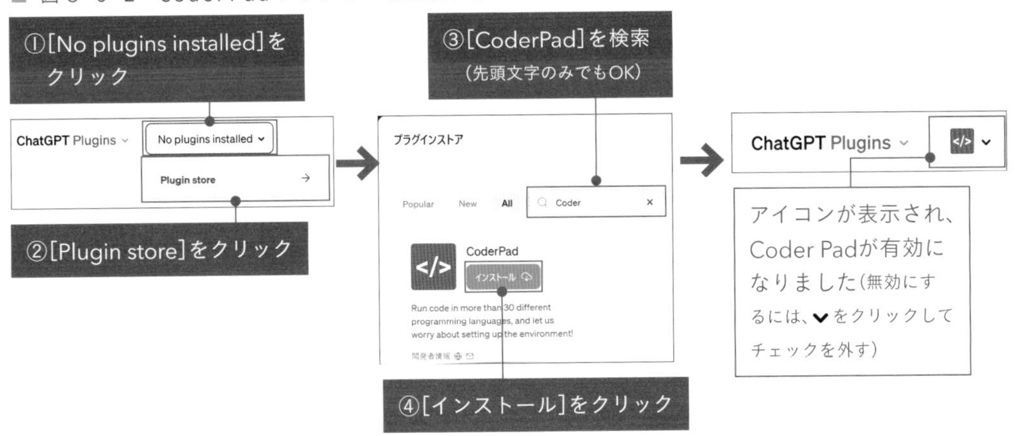

メモ

2回目からはインストール作業は必要なく、[Plugins] に切り替えれば、デフォルトで有効になります（無効にしたいときは、切り替え後にチェックを外してください）。

■ コードを作って実行する

CoderPadプラグインをインストールすると、ChatGPTが出力したコードをCoderPadに転送して実行できます。

CoderPadのメリットは、多数のプログラミング言語に対応しているところです。ここでは、ChatGPTにPHPのコードを生成してもらって、それを実行してみましょう。

CoderPadは、ファイルを入出力したり外部ライブラリを使ったりするのに制限があるため、**何かデータ処理する関数など、純粋なアルゴリズムだけを作り、それを確認するような場面に**

向いています。たとえば一例として、「西暦を和暦に変換する関数」を作り、CoderPadで実行してみましょう。

入力例（sample08_6.txt）

西暦を和暦に変換する関数❶をPHPで作り❷、CoderPadで実行してください❸。

活用アイデア

❶作りたい関数を指示します。
❷言語を指定します。
❸「CoderPadで実行」と指示します。

応答例

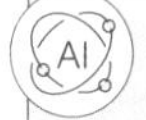

以下のリンクから、西暦を和暦に変換するPHP関数を実行できます：

CoderPad：西暦を和暦に変換するPHP関数❹

この関数は、与えられた西暦を和暦に変換します。明治、大正、昭和、平成、令和の５つの時代をサポートしています。リンクをクリックして、関数を実行してみてください。

回答には❹のように**CoderPadへのリンク**が含まれます。リンクをクリックすると、CoderPad上で作られたコードが表示されます。［Run］ボタンをクリックすれば、このコードを実行できます。

作られたコードは、seirekiToWarekiという関数です（図8-6-3中の❺）。

次のように、2023年を変換するテストコードが含まれているため（同❻）、「令和5年」と表示されます。

```
echo "西暦年：$seireki は和暦：$wareki";
```

■ 図8-6-3 CoderPadでの実行例

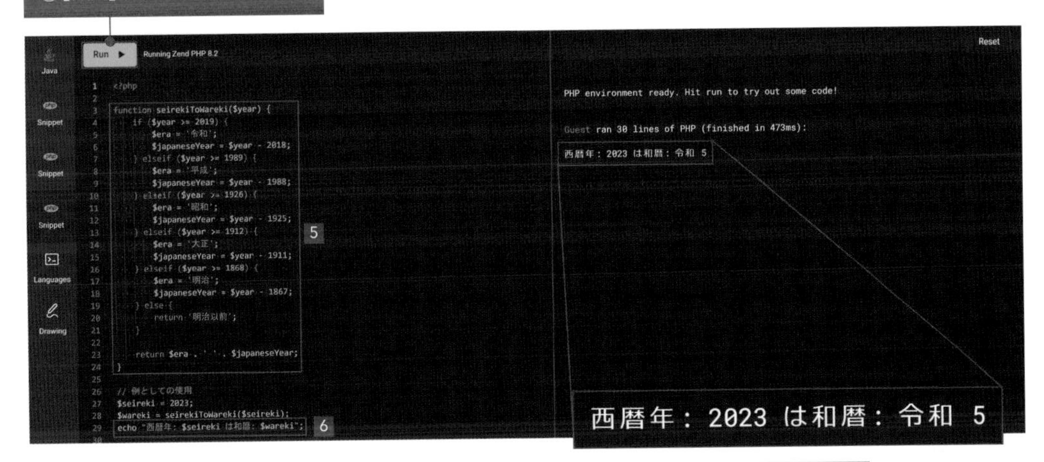

Column

テストコードを作る

さらに「テストコードを作ってください」と入力すれば、テストコードも作れます。

ただしCoderPadは、単体テストによく使うPHPUnitに対応していないため、ふつうにテストコードを作らせると、以下のように、生成した関数を何度か実行するテストコードを出力します。

```
function testSeirekiToWareki() {
    $testCases = [
        1867 => '変換できません',
        1868 => '明治1年',
        1911 => '明治44年',
        1912 => '大正1年',
        1925 => '大正14年',
        1926 => '昭和1年',
        1988 => '昭和63年',
        1989 => '平成1年',
        2018 => '平成30年',
        2019 => '令和1年',
        2023 => '令和5年'
    ];

    foreach ($testCases as $input => $expected) {
        $result = seirekiToWareki($input);
```

```
        if ($result === $expected) {
            echo "Test for year $input passed!¥n";
        } else {
                echo "Test for year $input failed! Expected $expected but got $result¥n";
        }
    }
}

testSeirekiToWareki();
```

しかし「PHPUnitを使って」と指示すれば、PHPUnitによるコードも作れます。

PHPUnitを使ったコードはCoderPadでは実行できませんが、自分のローカルにコピーして、単体テストを作る場面で、便利に使えると思います。

さまざまな図を描ける「Diagrams: Show Me」

もうひとつ、便利なプラグインを紹介します。「Diagrams: Show Me」というプラグインで、図を描けます。

図の作成については、「7-1　関数やクラスを要約したドキュメントを作る」や「7-2　クラス図やモデル図、シーケンス図、データベースのエンティティ図を作る」、そして、高度なデータ分析を使ったものとして「8-3　コードを実行して図やExcelシートなどを作成する」で、すでに紹介しました。

しかしこのDiagrams: Show Meプラグインは、図を描くための専用のプラグインということもあり、見栄えの良い図を作ってくれます。

■ 図8-6-4　Diagrams: Show Meプラグインを有効にする

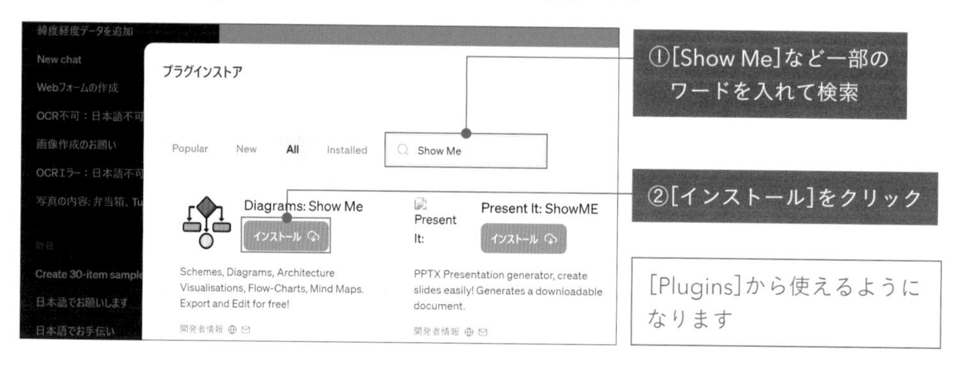

■ クラス図などを図にする

まずは、クラス図を作ってみましょう。「7-2　クラス図やモデル図、シーケンス図、データベースのエンティティ図を作る」と同じプロンプトで作らせます。

すると画面上で、見栄えの良い図を描いてくれます（応答例の3）。［オンラインで図を編集する］をクリックすれば（同4）、7-2で紹介した「Mermaid Live Editor」が起動して編集できます（図8-6-5）。

入力例（sample08_6_2.txt）

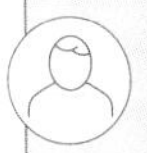

次のコードのクラス図を作ってください。
Diagrams を使って描いてください。 1

``` 2
class Database {
── 省略 ──

**活用アイデア**

1「**Diagramsを使って**」のように、Diagrams: Show Meプラグインを使うように指示します。
2 コードを引用します。

**応答例**

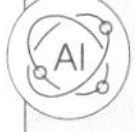

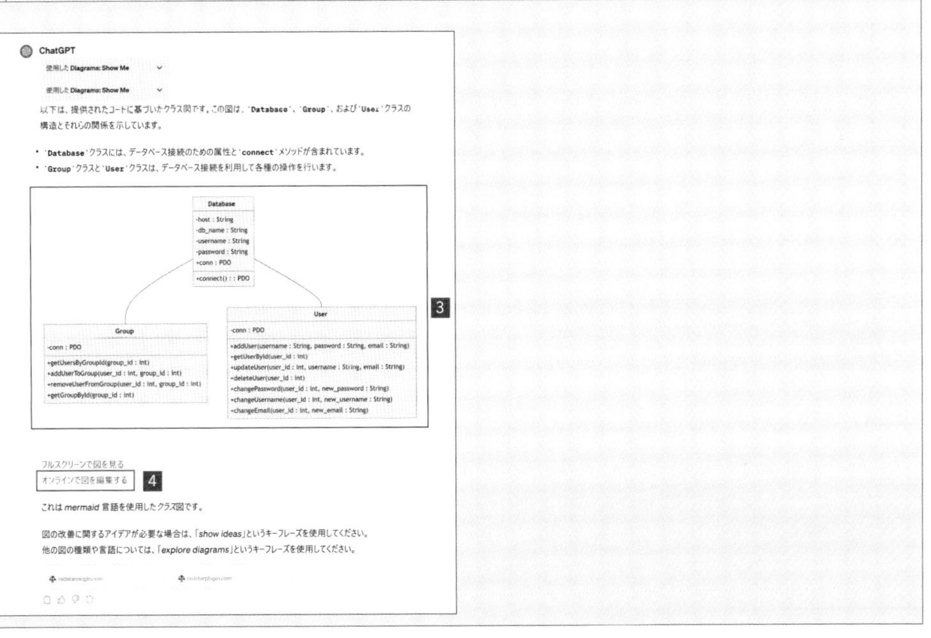
```

■ 図 8-6-5　Mermaid Live Editor で編集する

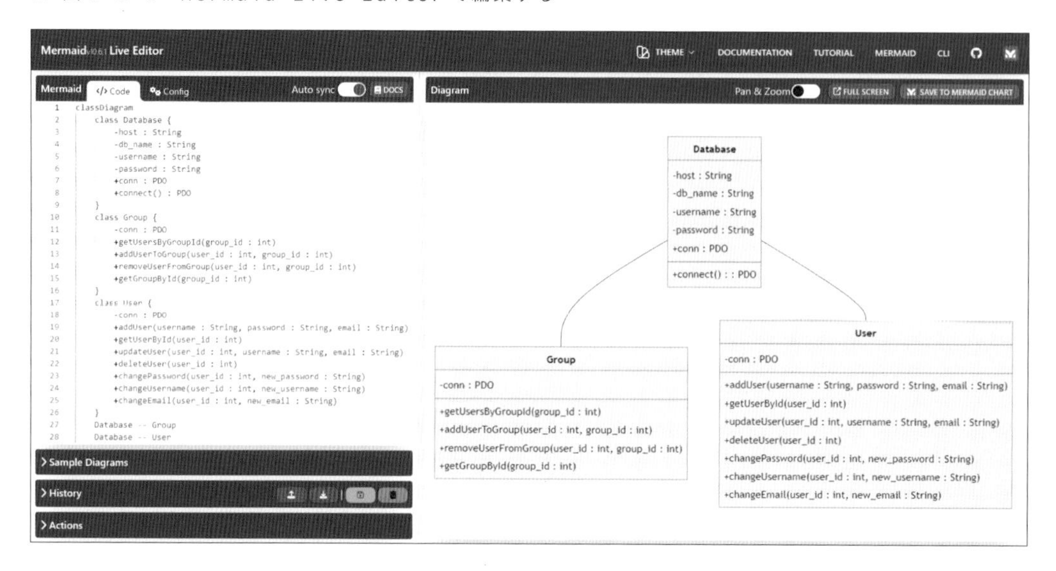

Column

ネットワーク図も描ける

同様にしてネットワーク図も描けます。「7-3　ネットワーク図を作る」と同じプロンプトを、Diagrams:Show Meプラグインを有効にしたGPT-4に入力すれば、次のようなネットワーク図が得られます。この図は、PlantUML言語を使った図です。

■ 図 8-6-6　ネットワーク図を描いたところ

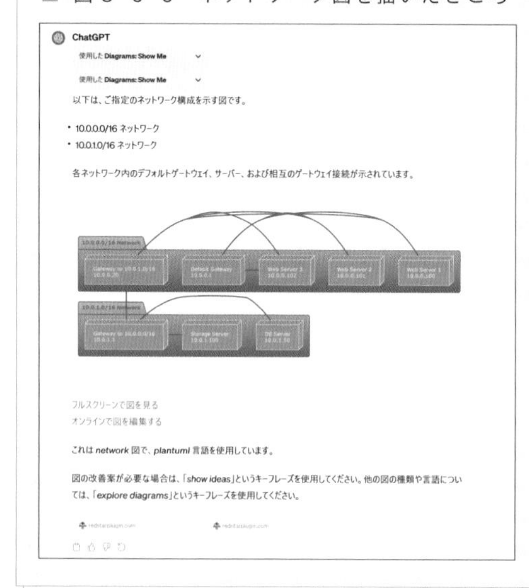

概念などのフロー図を描いてもらう

グラフ図やネットワーク図だけでなく、状態遷移のステートなどをビジュアル化するのも容易です。

たとえば次のように入力すると、商品選択から決済完了までの一般的なシーケンス図を作ってもらえます（ここでもDiagrams:Show Meプラグインを使っています）。何か新しいものを作るときに、概念を図でさっと理解したいような場面で役立つと思います。

入力例（sample08_6_3.txt）

通販システムがあります。**1**
ユーザーが商品をカゴに入れて、決済するまでの一般的なフロー**2**を図にしてください**3**。

活用アイデア

1 通販システムという前提を指定しています。
2 フローを作りたいことを示しています。
3 図として出力してほしい旨を指定しています。

応答例

通販システムにおけるユーザーの商品選択から決済完了までの一般的なフローを示すシーケンス図を以下に示します：

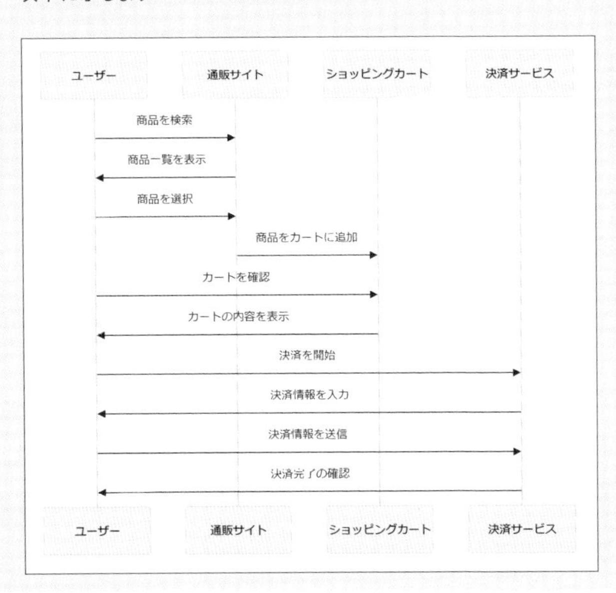

・フルスクリーンで図を表示
・オンラインで図を編集
・[Beta] Miroを使用してドラッグアンドドロップで編集（無料アカウント）

これはmermaid言語を使用したシーケンス図です。

図の改善のアイディアが必要な場合は、キーフレーズ「show ideas」を使用してください。
他の図のタイプや言語については、キーフレーズ「explore diagrams」を使用してください。

8-7 API経由でChatGPTを使う

これまで本書では、ブラウザからChatGPTを使ってきましたが、APIキーを使って、別のソフトと組み合わせて使うこともできます。最後にこの手法について紹介します。

APIキーを作る

APIキーとは、簡単に言えば、認証のための鍵となるテキストです。

このテキストを別のツールに設定することで、そのツールからChatGPTの機能を使えるようになります。

■ 図8-7-1 APIキー

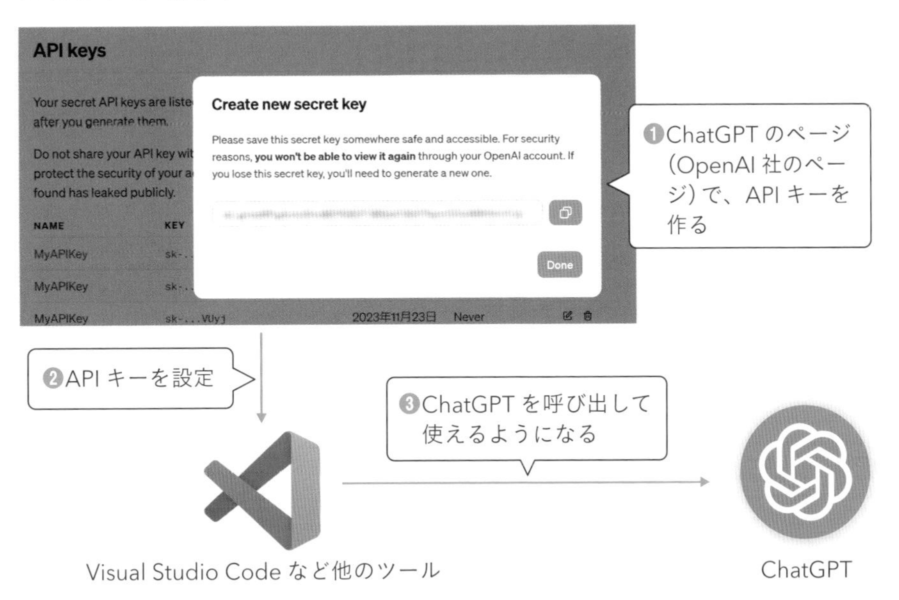

■ APIキーの作成手順

APIキーは、OpenAIのサイト（https://openai.com/）にアクセスして作成できます。操作は次ページのように行います。

■ 図8-7-2　OpenAIサイトからAPIキーのページへ

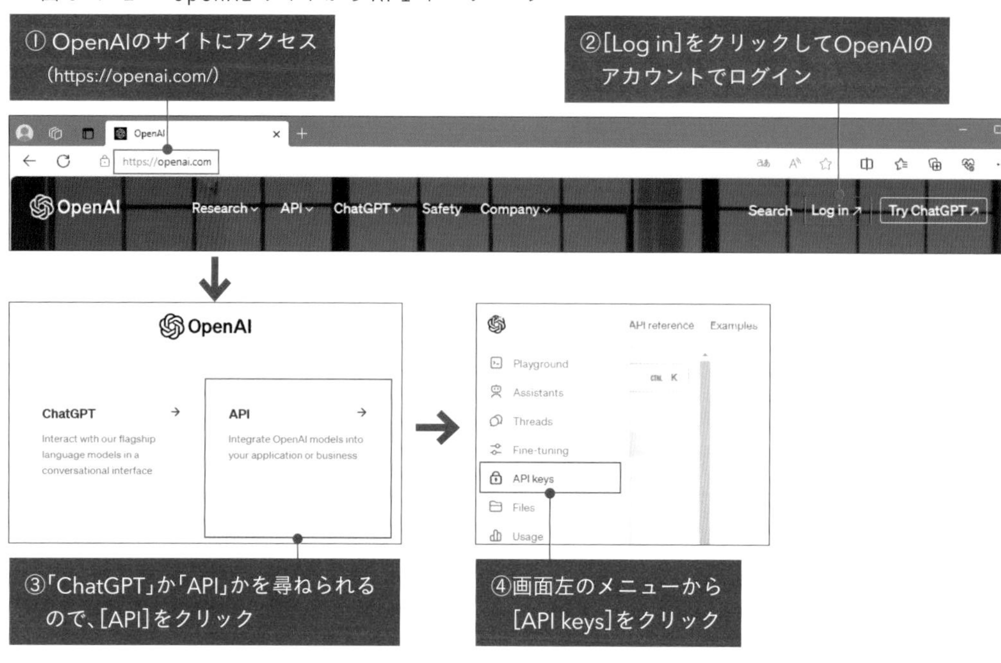

■ 図8-7-3　APIキーを作る

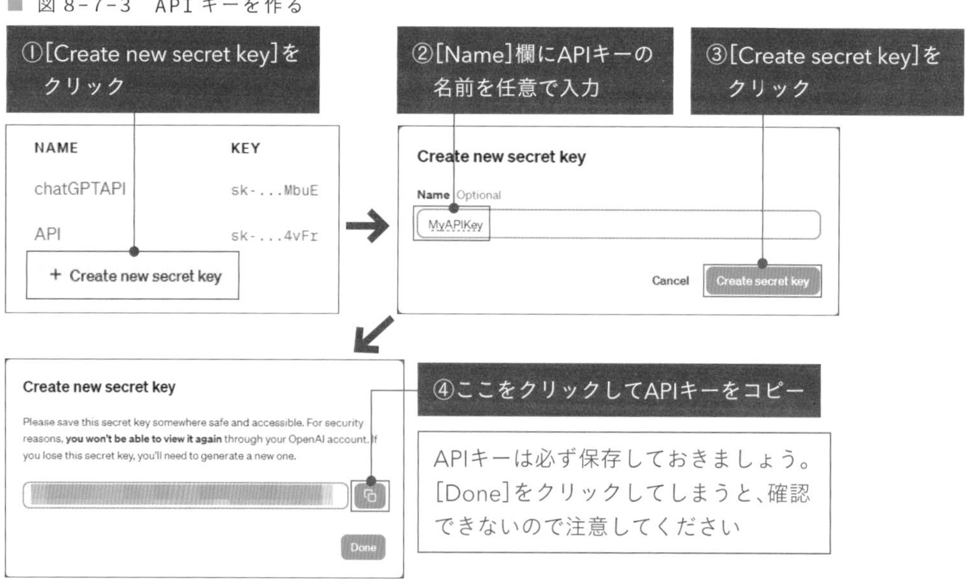

Column

APIキーを削除する

APIキーは、認証用のキーです。このキーに対して課金されるので、**キーが漏洩すると第三者があなたの課金でChatGPTを利用する可能性があるので、注意**してください。

もし漏洩してしまったときは、ゴミ箱のアイコンをクリックして速やかに削除し、そのキーを利用できないようにしましょう。

■ 図8-7-4　APIキーを削除する

API利用のため金額をチャージする手順

API経由でのChatGPTは、ブラウザから利用する場合とは別の、利用した分だけの従量課金です（第1章「1-2　ブラウザでの対話とAPI」を参照）。そのため、**APIの利用に際しては、最初に幾ばくかの金額をチャージしないと使えません**。

次のように［Billing］メニューから、チャージします。

■ 図8-7-5　APIキーにチャージする

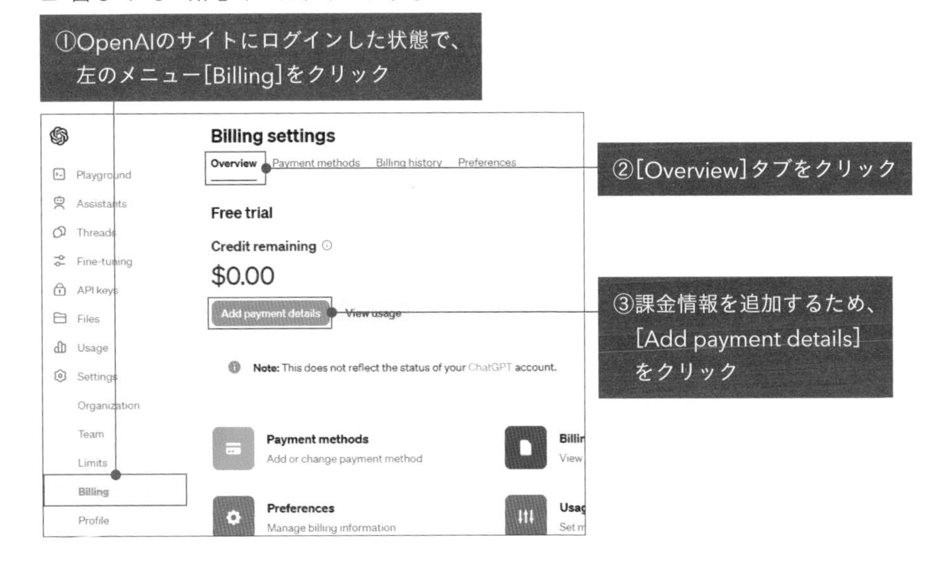

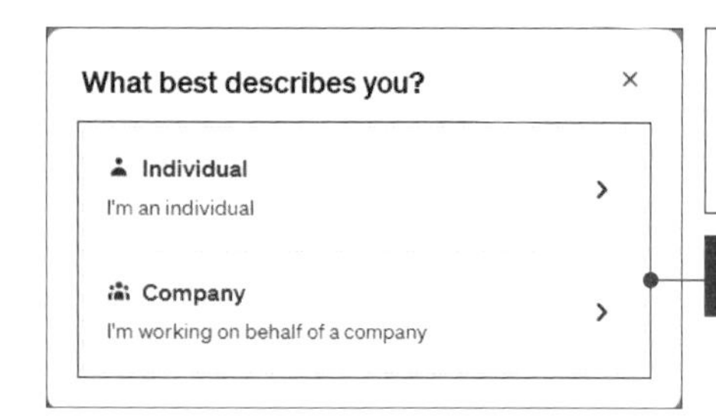

個人（Individual）か会社（Company）かを選びます。会社名や請求先名の有無などが異なるだけで、基本的な登録内容は同じです

④どちらかを選択（ここでは[Individual]を選択した）

Add payment details

Add your credit card details below. This card will be saved to your account and can be removed at any time.

Card information

カード番号　月 / 年　セキュリティコード

Name on card

Billing address

Country

Address line 1

Address line 2

City　Postal code

State, county, province, or region

Cancel　Continue

⑤請求先のクレジットカード番号や住所、氏名を入力

住所や氏名は、英語で入力します

⑥[Continue]をクリック

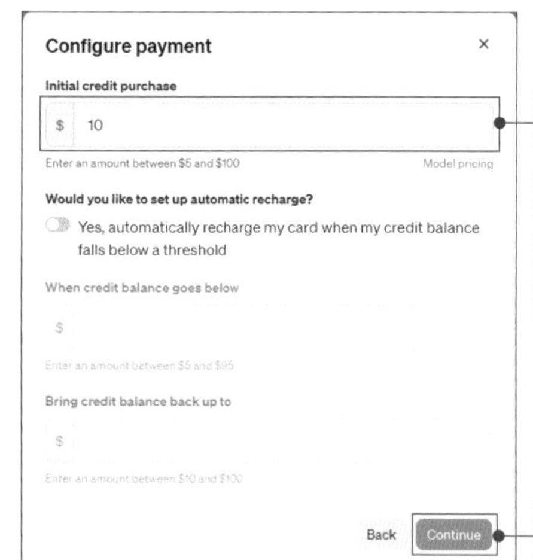

⑦初回のチャージ金額を設定

たとえば「10ドル」に設定すると、クレジットカードから支払いが行われ、以降10ドル分だけAPIを利用できるようになります

⑧[Continue]をクリック

注意

［Would you like to set up automatic recharge?］を［Yes］に設定すると、チャージがなくなったときに自動課金されますが、思わぬ課金が発生することもあるので、慣れないうちは設定しないほうがよいでしょう。

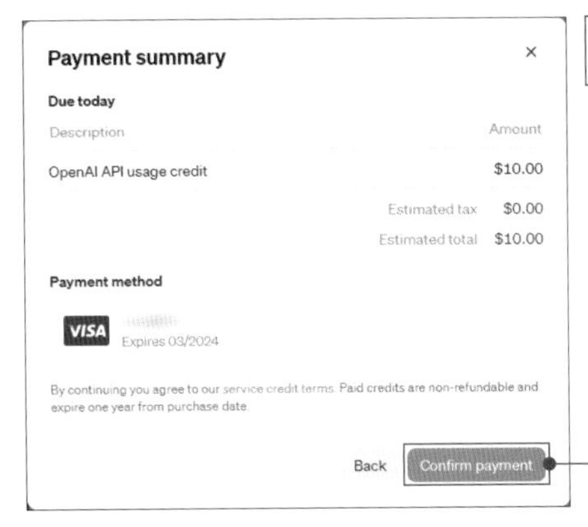

支払いの確認画面が表示されます

⑨[Confirm payment]をクリック

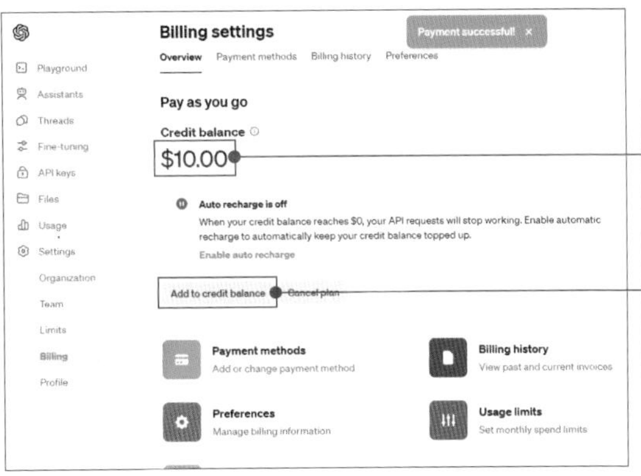

指定した金額がチャージされます。この金額だけAPIを使えます

さらにチャージしたいときは、[Add to credit balance]をクリックして行えます

Column

APIの料金

APIの料金は、処理した「トークン」の量に基づいて課金されます。

トークンとは、GPTが内部で表現する「1つの語句」のことです。言語における単語の区切りに相当するため、「1トークンは何文字か」は決まりません。英語では「1単語＝1トークン」、日本語では「1文字が1トークン以上」「漢字は2〜3トークン」としてカウントされることが多いです。

単価は、利用するモデルによって異なります。2023年11月時点における、1000トークン当たりの費用は、表8-7-1の通りです。

メモ

OpenAI社の「Tokenizer」のページ（https://platform.openai.com/tokenizer）では、文章を入力すると、それが何トークンなのかを確認できます。

メモ

コンテキストとは、最大何文字（より正確には最大何トークン）まで処理できるかを示します。

■ 表 8-7-1　1000トークン当たりの費用

モデル	入力	出力
GPT-3.5　4Kコンテキスト	0.0015ドル	0.002ドル
GPT-3.5　16Kコンテキスト	0.001ドル	0.002ドル
GPT-4　8Kコンテキスト	0.03ドル	0.06ドル
GPT-4　32Kコンテキスト	0.06ドル	0.12ドル

※料金は、1000トークン当たり

Visual Studio Codeで活用する

APIキーを生成できたところで、ほかのソフトと組み合わせて使う方法を紹介します。

ChatGPTと組み合わせられるソフトは多数ありますが、ここではプログラミングによく使われるMicrosoftの統合開発ツールである「Visual Studio Code」をChatGPTと組み合わせて利用できる拡張機能「ChatGPT - Genie AI」（https://marketplace.visualstudio.com/items?itemName=genieai.chatgpt-vscode）を紹介します。

メモ

ChatGPTと組み合わせることができる拡張機能は、ChatGPT Genie AI以外にもあります。ChatGPT - Genie AIは、50万ダウンロードを超える人気の拡張機能です。

■ ChatGPT Genie AIでできること

ChatGPT Genie AIでは、主に、次のことができます。

①チャット

ブラウザ版のChatGPTと同等の機能です。画面左側のウィンドウで、ChatGPTと会話できます。

②コードの生成

質問すると、それに応じたプログラムのコードを自動生成します。

③ソースコードに関する操作

ソースコードを選択して右クリックすると表示されるメニューから、「テキストの追加」「バグの発見」「最適化」「解説」「コメントの追加」「未完成部分の補完」などの操作ができます。

■ ChatGPT Genie AIのインストール

ChatGPT Genie AIは、Visual Studio Codeの拡張機能です。

Visual Studio Codeの左タブから［拡張機能］をクリックし、「ChatGPT Genie AI」を検索します。見つかったら、［インストール］をクリックすると、インストールできます。

■ 図8-7-6 「ChatGPT Genie AI」を検索してインストールする

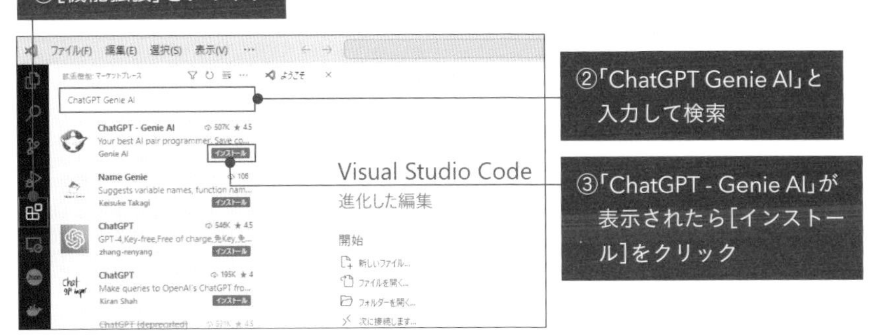

■ Genie AIの基本的な使い方

ChatGPT - Genie AIをインストールすると、左に［Genie］のアイコンが追加されます。クリックすると、チャットウィンドウが開いて、ChatGPTに命令できます。

Genie AIには、2つのビューがあり、上部のボタンで切り替えます。

①Conversation View

会話形式のビューです。質問を入力すると、それに対して回答します。

ブラウザでの使い方と同じですが、回答に［Copy］や［Insert］などのボタンが表示され、コードをコピーしたり挿入したりしやすくなっています。

②Editor View

質問内容が、ファイルとして開いているエディタ画面に出力されます。出力されたコード部分をそのまま利用したいときに使います。

メモ

Temperatureは、回答の感度を示します。[Precise]（より正確）、[Balanced]（バランス）、[Creative]（より創造的）のなかから選べます。デフォルトは［Precise］ですが、好みに応じて設定してください。

■ 図8-7-7　Conversation View の例

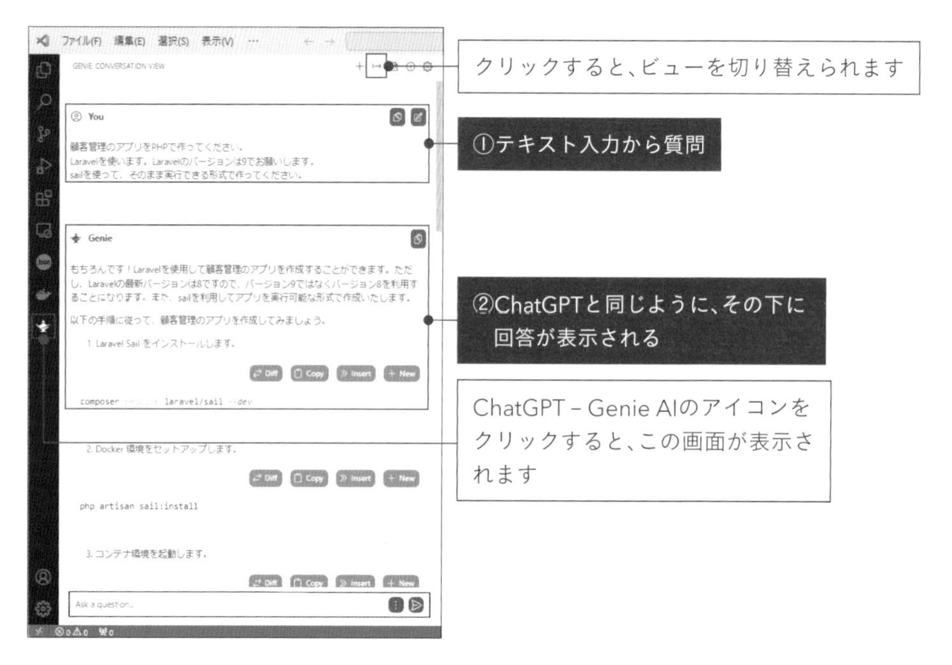

クリックすると、ビューを切り替えられます
①テキスト入力から質問
②ChatGPTと同じように、その下に回答が表示される
ChatGPT – Genie AIのアイコンをクリックすると、この画面が表示されます

■ 図8-7-8　Editor View の例

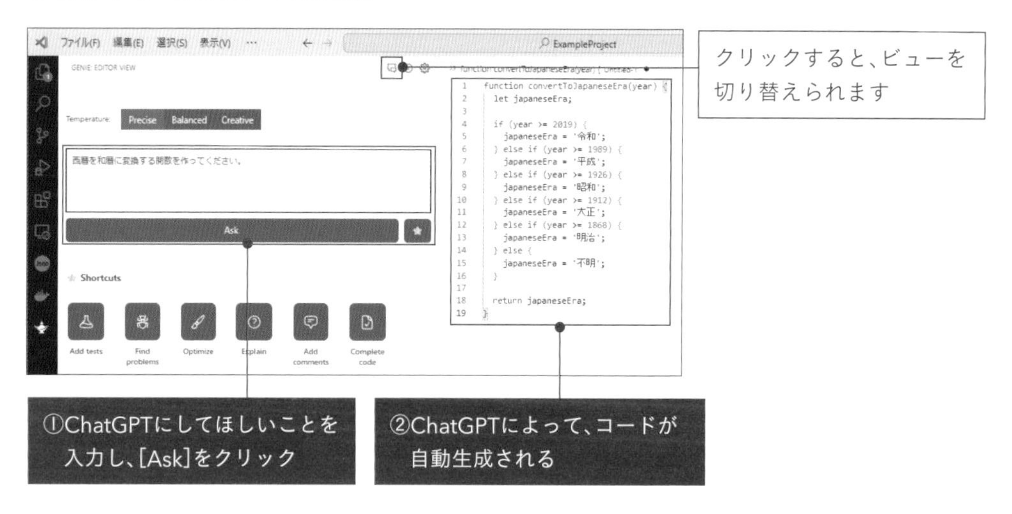

■ ソースコードを対象に命令する

Visual Studio CodeにGenieを追加すると、ソースコードの範囲を選択して右クリックすると、次の操作ができます。

■ 表 8-7-2　ソースコードを右クリックしたときの操作

操作名	内容
Add tests	テストコードを作る
Find bugs	バグを見つける
Optimize	最適化する
Explain	分析する
Add Comments	コメントを追加する
Complete code	未完の部分を補完する
Ad-hoc prompt	任意のプロンプト（設定画面で変更する）

たとえば、［Genie:Add tests］を選択すると、そのテストコードが、Conversation Viewに作られます。

■ 図 8-7-9　生成されたテストコード

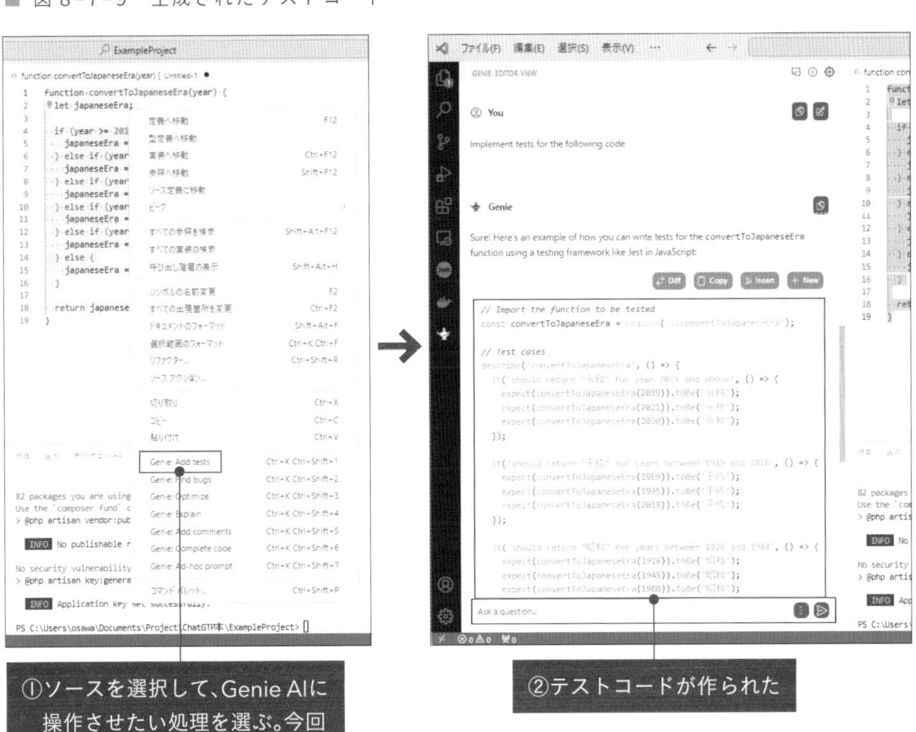
①ソースを選択して、Genie AIに操作させたい処理を選ぶ。今回は、[Genie: Add tests]を選択
②テストコードが作られた

Column

オプションを変更して回答を日本語にする

デフォルトでは、Genieの回答は英語です。これは実は、右クリックしたときに表示されるメニューからの命令は、「特定の質問文」の後ろにソースコードを付けて、その回答をChatGPTから得るという仕組みで動いていて、その「特定の質問文」がデフォルトでは英語であるためです。

Genieの設定画面を開くと、「Genie ai > Prompt Prefix: Add Tests」のような「Propmt Prefix:」の設定項目があります。これらが「特定の質問文」です。

この設定項目を日本語にすると、回答が日本語になります。

■ 図 8-7-10　特定の質問文を日本語に変更する

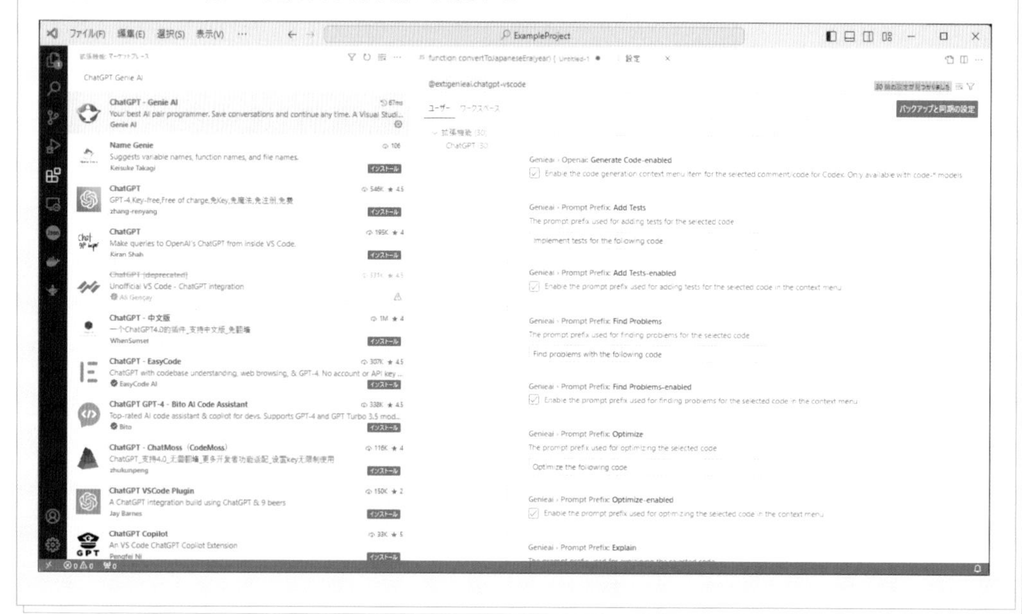

Column

GitHub Copilotについて

本書は、ChatGPTに関する書籍ですが、プログラミングとAIを組み合わせたときの話題として欠かせないものに、「GitHub Copilot」があります。

GitHub Copilotは、コードリポジトリサービスの「GitHub」が提供するサービスで、書くべきコードを補完してくれたり、コメントからコードを自動生成したりする機能があります。

プログラミングの分野でも、特に「コードを書く」というところにAIを採り入れたいのなら、GitHub Copilotの導入も検討してみるとよいでしょう。

おわりに

本書に掲載したアイデアは、ChatGPTでできることのごく一部です。まだまだできることはたくさんありますし、今後のバージョンアップによって、できることも増えてくるでしょう。とくにGPT-4が持つ、「作らせたPythonのコードを、そのまま実行させられる」「画像を扱える」という機能は、さらなる発展があると思います。

本書の執筆を終えたとき、ChatGPTを活用できるかどうかは、正直、使い方次第であると改めて感じました。

実は当初、これほどChatGPTが使いものになるとは思っていませんでした。

その理由は、2つあります。ひとつは、リリース当初のChatGPTは、いまほど賢くなかったこと。もうひとつは、僕の聞き方が悪かったことです。

僕は、ChatGPTに「こういうときにはどうすればいい？」「○○はどういう意味？」と質問ばかりしていました。その回答は間違っていたり、的外れなものが多かったりしたので、これでは使えないなと判断したのです。

しかし本書のように、「○○を作ってほしい」のように指示を出すように変えたら、どうでしょう。意外と正確なコードが出てくるではありませんか！

そう、ChatGPTは「聞くもの」ではなく、「やらせるもの」なのです。それに気づいたとき、多くの活用のアイデアが浮かび、その日から「使えるChatGPT」となりました。

ChatGPTをはじめとしたさまざまなAIについては、人類の脅威だとか仕事がなくなるなどという批判的な意見も聞きますが、これほど強力でスピーディーな相棒は、ほかにいないと思います。とにかく作業を任せれば、すぐに仕上げてくれます。

今後、AIの補助なしに仕事を進めていくことは、大きなハンデを背負うと言っても過言ではありません。

いまは、そんな時代になる第一歩。ぜひみなさんには、模索しながらいろいろと活用していってもらえればと思います。

謝辞：本書の制作におきまして、担当編集の今村享嗣様には大変、お世話になりました。とくに紙面構成で尽力いただき、本書がビジュアル的に読みやすいのは、彼の仕事の賜物です。また遅筆により、ご迷惑をおかけした組版担当のトップスタジオ様にも、大変お世話になりました。末筆ながら、ご両人に、この場を借りて、感謝いたします。

2023年11月 大澤文孝

索引

か行

さ行

た行

な行

は行

ま行

や行

ら行

わ行

著者

大澤 文孝（おおさわ・ふみたか）

技術ライター、プログラマー、情報処理資格としてセキュリティスペシャリスト、ネットワークスペシャリストを取得。Webシステムの設計・開発とともに、長年の執筆活動のなかで、電子工作、Webシステム、プログラミング、データベースシステム、パブリッククラウドに関する書籍を多数出版している。著書に『ちゃんと使える力を身につける Webとプログラミングのきほんのきほん［改訂2版］』（マイナビ出版）、『AWSネットワーク入門 第2版（impress top gear）』（インプレス）などがある。

監修者

古川 渉一（ふるかわ・しょういち）

1992年鹿児島県生まれ。東京大学工学部卒業。株式会社デジタルレシピ取締役・最高技術責任者。大学生向けイベント紹介サービス「facevent」を立ち上げ、延べ30万人の大学生に利用される。その後、国内No.1 Twitter管理ツール「SocialDog」など複数のスタートアップを経て2021年3月より現職。パワーポイントからWebサイトを作る「Slideflow」やAIライティング「Catchy(キャッチー)」を立ち上げ。著書『先読み！IT×ビジネス講座 ChatGPT 対話型AIが生み出す未来』（インプレス）は8万部を突破。他監修多数。AI関連の寄稿やメディア出演は100を超える。

スタッフ

ブックデザイン	沢田幸平（happeace）
カバーイラスト	芦野公平
DTP & 校正	株式会社トップスタジオ
デザイン制作室	今津幸弘
デスク	今村享嗣
編集長	柳沼俊宏

■商品に関する問い合わせ先
このたびは弊社商品をご購入いただきありがとうございます。本書の内容などに関するお問い合わせは、下記のURLまたは二次元バーコードにある問い合わせフォームからお送りください。

https://book.impress.co.jp/info/

上記フォームがご利用いただけない場合のメールでの問い合わせ先
info@impress.co.jp
※お問い合わせの際は、書名、ISBN、お名前、お電話番号、メールアドレス に加えて、「該当するページ」と「具体的なご質問内容」「お使いの動作環境」を必ずご明記ください。なお、本書の範囲を超えるご質問にはお答えできないのでご了承ください。

- 電話やFAX でのご質問には対応しておりません。また、封書でのお問い合わせは回答までに日数をいただく場合があります。あらかじめご了承ください。
- インプレスブックスの本書情報ページ　https://book.impress.co.jp/books/1123101035 では、本書のサポート情報や正誤表・訂正情報などを提供しています。あわせてご確認ください。
- 本書の奥付に記載されている初版発行日から3年が経過した場合、もしくは本書で紹介している製品やサービスについて提供会社によるサポートが終了した場合はご質問にお答えできない場合があります。

■落丁・乱丁本などの問い合わせ先
FAX　03-6837-5023
service@impress.co.jp
※古書店で購入された商品はお取り替えできません。

エンジニアのためのChatGPT活用入門
AIで作業負担を減らすためのアイデア集

2023年12月21日　初版発行

著者　大澤文孝
監修者　古川渉一
発行人　高橋隆志
発行所　株式会社インプレス
〒101-0051　東京都千代田区神田神保町一丁目105番地
ホームページ　https://book.impress.co.jp/

印刷所　シナノ書籍印刷株式会社
ISBN978-4-295-01823-0 C3055
Printed in Japan